Anke Schmidt-Hildebrand / Dietrich Hildebrand

Image + Stil = Erfolg

Anke Schmidt-Hildebrand / Dietrich Hildebrand

Image + Stil = Erfolg

Maßgeschneiderte Tipps
für den perfekten Business-Auftritt

REDLINE | VERLAG

Bibliografische Information der Deutschen Nationalbibliothek

Die Deutsche Nationalbibliothek verzeichnet diese Publikation in der Deutschen Nationalbibliografie. Detaillierte bibliografische Daten sind im Internet über http://dnb.d-nb.de abrufbar.

ISBN Print 978-3-86881-535-1
ISBN E-Book (PDF) 978-3-86414-646-6
ISBN E-Book (EPUB, Mobi) 978-3-86414-647-3

Unsere Web-Adresse
www.redline-verlag.de

4., überarbeitete Auflage 2014

Nymphenburger Straße 86
D-80636 München
Tel.: 089 651285-0
Fax: 089 652096

Redaktion: Ulrike Kroneck, Melle-Buer
Umschlaggestaltung: Atelier Seidel Verlagsgrafik, Teising
Autorenfotos: Martina + Markus Jäger, Bielefeld
Illustrationen: Dietrich Hildebrand, Frankfurt/Main
Satz: M. Zech, Landsberg am Lech
Druck: Konrad Triltsch, Ochsenfurt
Printed in Germany

Inhalt

Vorwort von
Dr. Prinz Asfa-Wossen Asserate

Schon der berühmte römische Rhetoriklehrer Quintilian schärfte seinen Schülern ein: »vestis virum reddit« – Kleidung macht den Mann. »Kleider machen Leute ist im Deutschen zu einer festen Redewendung geworden. Gottfried Keller erzählte in seiner gleichnamigen Novelle die Geschichte eines armen Schneiders, der wegen seines gepflegten Äußeren für einen Grafen gehalten wird und die Liebe einer Frau aus angesehenem Haus gewinnt.

Kleidung spielt heute vor allem im Berufsleben eine bedeutende Rolle. Die Wirkung eines Menschen auf andere hängt zu einem erheblichen Teil von seiner äußeren Erscheinung ab. Die Art sich zu kleiden beeinflusst die Körperhaltung und die Art sich zu bewegen. Manche Personalchefs gehen sogar davon aus, man könne hören, ob das Gegenüber am Telefon eine Krawatte trägt.

Die Kleiderordnung ist hier keine Frage individuellen Geschmacks. Alle sind bis über beide Ohren in den Stil ihrer Zeit hinein getunkt. Der Dresscode, wie er in vielen Branchen üblich ist, soll ein bestimmtes Image transportieren. Wer darüber nicht Bescheid weiß, kann sich viele Möglichkeiten verbauen. Karriere macht man heute nur selten im Schlabberlook.

Aber die richtige Krawatte reicht nicht, um aus einem Schneider einen Grafen zu machen. Ordentliche Kleidung ist wie höfliches Benehmen keine leere Form. Sie drückt Achtung und Respekt vor dem Gegenüber aus. Man zeigt dem Anderen dadurch seine Wertschätzung. Diese Haltung des Höflichen ehrt ein jeder: Sie erleichtert den Umgang miteinander und fördert auch das Geschäft.

Solange einem Menschen aber der entsprechende Charakter fehlt, wird alles, was er tut und anzieht, um sich besser darzustellen, artifiziell und aufgesetzt wirken. Der persönliche Stil ist eine Symbiose aus Form und Inhalt. Wobei die Form auch den Inhalt prägt. Daher ist es sehr hilfreich, zunächst gewisse Regeln zu beachten, die man lernen kann.

Dr. Prinz Asfa-Wossen Asserate,
Unternehmensberater und Autor des Bestsellers *Manieren*

Ein positives Image

»Image« liegt im Trend. Firmen beschäftigen Agenturen, um ihr Image aufzupolieren oder überhaupt erst eines zu kreieren. Waren und Dienstleistungen wird ein Image verpasst, um sie besser zu vermarkten. Aufwendige Imagekampagnen sorgen dafür, Personen der Öffentlichkeit ins rechte Licht zu rücken. Und so mancher »Star« wird erst durch ein bestimmtes Image erschaffen. Weshalb ist es heute so wichtig, ein wirkungsstarkes Image nach außen zu transportieren? Leben wir in einer Welt der Oberflächlichkeit, in der Inhalte nicht mehr erkannt werden? Oder sind diese Inhalte gar nicht mehr vorhanden und es zählt nichts als die kunstvolle Verpackung?

In der Tat, nicht selten überdeckt ein perfekt inszeniertes Image die unzulänglichen Eigenschaften eines Produktes, Unternehmens oder einer Person. Auf der anderen Seite bietet eine seriöse Imagepflege, die den Wert des Imageträgers auf ehrliche Weise widerspiegelt, einen nicht zu unterschätzenden Gewinn. Schließlich leben wir in einer Welt des Überflusses, Bedürfnisse müssen nicht mehr gedeckt, sondern geweckt werden. Um erfolgreich bestehen zu können, sind daher Strategien unerlässlich, die besondere Eigenschaften, Leistungen und Kompetenzen auf wirkungsvolle Weise sichtbar machen.

Die Symbiose von Aussehen, Körpersprache und Persönlichkeit

Unser Buch handelt weder von Produktkonzepten, die Kaufentscheidungen beeinflussen, noch von unternehmerischen Kampagnen, die eine Marke positionieren. Es geht allein um *Sie* und *Ihre* ganz persönliche Marketingstrategie, also darum, wie Sie sich möglichst erfolgversprechend darstellen.

Hierzu sollten wir den Begriff »Image« genauer beleuchten. Image kommt aus dem Lateinischen: »imago« heißt Bild. Was bedeutet das in unserem Kontext? Stellen Sie sich dazu irgendeine Person vor, vielleicht jemanden, der prominent ist oder einen Menschen aus Ihrem direkten Umfeld. In Ihrem Kopf erscheint sofort ein Bild. Woraus setzt es sich zusammen? Das Erste ist der visuelle Eindruck. Wie sieht die Person aus, ist sie groß oder klein, kräftig oder schlank? Was trägt sie? Ist die Kleidung auffallend oder zurückgenommen, billig oder teuer? Hinzu kommt die Körpersprache, was sagen Mimik und Gestik aus? Vergessen wir die Stimme nicht. Auch sie trägt dazu bei, Ihr inneres Bild zu formen. Bestimmt verbinden Sie mit dieser Person aber auch ein ganz charakteristisches Verhalten. Gibt sie sich höflich oder abweisend, kumpelhaft oder reserviert? Vielleicht hat sie sogar bestimmte Macken, die Sie sympathisch oder aber unangenehm finden. Vor Ihrem geistigen Auge *sehen* Sie jene Person nicht nur, Sie *empfinden* sie. Image ist demnach mehr als ein pures Abbild. Es ist ein »Stimmungsbild«, das sich zusammensetzt aus Aussehen, Körpersprache und Persönlichkeit.

Glaubwürdig auftreten. Es geht um Ihren »Auftritt«. Streng genommen beginnt der schon am frühen Morgen, nämlich dann, wenn Sie den ersten Fuß aufsetzen, um aus dem Bett zu steigen. Interessant wird er, wenn Sie die »Bühne« betreten, indem Sie Ihr Zuhause verlassen und anderen Menschen begegnen. Eine neue und weitreichende Dimension bekommt Ihr Auftritt, wenn Sie die Schwelle zur Firma überschreiten. Denn gerade dort ist es besonders wichtig, glaubwürdig und souverän aufzutreten.

Beherzigen Sie eine wichtige Regel: Aufmachung und Persönlichkeit sollten immer in Einklang sein. Beispiel: Die eher distanzierte Geschäftsführerin, die an ihrer temperamentvollen Freundin auffällig bedruckte Schals liebt, wirkt ihrerseits mit derartigen Accessoires verkleidet. Genauso erscheint der nüchterne Jungmanager deplaziert im gestylten Designeranzug, der seinem modeinteressierten Kollegen vortrefflich steht. Aber Vorsicht! Das bedeutet nicht, dass zurückhaltende Menschen sich zurückhaltend kleiden sollen, um authentisch zu wirken. Gerade im Berufsleben würde sie das »unsichtbar« machen. Besser ist, sich solcher Stilmittel zu bedienen, die die individuelle Ausdruckskraft steigern und dennoch der Persönlichkeit Rechnung tragen. Das heißt, die oben erwähnte Managerin kann durchaus einen Schal nutzen, um ihre Präsenz zu steigern. Allerdings sollte sie Farben wählen, die zwar wirkungsvoll, doch niemals schrill sind. Nur so wirkt sie authentisch.

Wechselweise – von innen nach außen und umgekehrt

Durch Persönlichkeit und äußere Erscheinung formen Sie also Ihr Image. Interessant dabei: Diese beiden Faktoren beeinflussen sich gegenseitig. Dass Sie von innen nach außen wirken, ist unumstritten. Mit Sicherheit kennen Sie von Grund auf positiv denkende Menschen, die durch ihre aufhellende Art überall willkommen sind und andere vom Typ »Miesepeter«, die immer und überall das Haar in der Suppe suchen und demzufolge auf wenig Sympathie stoßen. Eigenschaften wie positive Grundeinstellung, Lebhaftigkeit und Begeisterungsfähigkeit lassen uns erstrahlen. Diese Persönlichkeitsmerkmale spielen in Bezug auf das Outfit eine große Rolle. Ein lebhafter und quirliger Mensch verwandelt so manches Spießerteil in ein Star-Modell.

Bemerkenswert ist jedoch, dass Sie umgekehrt die äußere Erscheinung nutzen können, um Ihre innere Einstellung zu optimieren. Beispiel: Der Tag beginnt schleppend. Sie stehen »mit dem verkehrten Fuß« auf. Mental ist alles grau. Sie können wählen: Behalten Sie Ihre Stimmung bei und lassen sich hängen, oder »straffen« Sie sich, indem Sie zum Beispiel Ihr Äußeres auf Vordermann bringen. Die Aufhellung beginnt bereits mit der Dusche. Eine vitalisierende Körperpflege tut das Übrige. Ziehen Sie jetzt noch ein gepflegtes, ansprechendes Outfit an, spüren Sie buchstäblich, wie sich Ihre Stimmung hebt. Plötzlich nehmen Sie sich viel positiver wahr. Das stärkt Ihr Selbstbewusstsein, Sie treten ganz anders auf. Was ist die Folge? Mehr Attraktivität und somit eine positive Ausstrahlung.

Stil als Gesamtkonzept

Ihr Image offenbart etwas ganz Besonderes, Ihren Stil. Bevor wir uns mit einem wichtigen Stilelement, nämlich der Kleidung, konkreter beschäftigen, sollten wir klären, was »Stil« ganz allgemein bedeutet.

Den Begriff genau zu definieren, ist gar nicht so einfach. Bestimmt kennen Sie Situationen, in denen Sie jemandem begegnen und denken: Dieser Mensch hat Stil. Allerdings können Sie nur schwer beschreiben, woran das genau liegt. Grundsätzlich ist Stil Ausdrucksform der Persönlichkeit. Dabei umfasst er so etwas wie ein »Gesamtlebenskonzept« und geht somit weit über die äußere Erscheinung hinaus. Wie richten wir uns ein? Was lesen wir? Welchen Stellenwert hat Kultur in unserem Leben? Individuelle Temperamentslage, Umgangsformen und Haltung anderen Menschen gegenüber, die Einstellung zur Natur und überhaupt zum Leben – das alles formt den persönlichen Stil. Dabei ist eines ausschlaggebend: Stil sollte, egal auf welchem Gebiet, immer in Zusammenhang mit Wertempfinden und Wertschätzung stehen – nur dann handelt es sich um »guten Stil«.

Erfolgsfaktor Business-Look

Im Folgenden beschäftigen wir uns ausführlich mit einem entscheidenden Imageträger, dem »Business-Look« und der Frage: Wie können Sie im Geschäftsumfeld durch perfekten Kleidungsstil Ihre Überzeugungskraft und Professionalität steigern?

Kleidung als Kommunikationsmittel

Das Thema unserer Zeit ist die Kommunikation. Dazu offerieren die unterschiedlichsten Anbieter Seminare und Workshops mit Inhalten wie Rhetorik, Präsentation oder Konfliktbewältigung. Ein wesentlicher Bestandteil dieser Trainings ist, wie wir in bestimmten Situationen *verbal* kommunizieren.

Doch wo fängt Kommunikation überhaupt an? Führen Sie sich dazu folgende Situation vor Augen: Im Rahmen eines Bewerbungsgesprächs erwarten Sie einen potenziellen Mitarbeiter. Dieser betritt Ihr Büro. Was nehmen Sie als Erstes wahr? Seine äußere Erscheinung, denn vorrangig erfassen Sie Ihr Gegenüber visuell … und das blitzschnell, nämlich innerhalb von wenigen Sekunden. Das ist ein Relikt aus grauer Vorzeit. Unsere Vorfahren mussten rasend schnell erkennen, ob es sich um Freund oder Feind handelte. Schließlich ging es um Leben oder Tod.

Gott sei Dank sind dermaßen gravierende Entscheidungen längst Vergangenheit, doch die Mechanismen sind geblieben. Der erste Eindruck wird zu knapp 60 Prozent von nonverbalen Signalen wie Aussehen, Kleidung und Körpersprache bestimmt. Stimme und Sprache machen immerhin über 30 Prozent aus. Im Vergleich dazu fallen nur etwa sieben Prozent auf das, was wir inhaltlich zum Ausdruck bringen. Wen wundert es also, dass der äußeren Erscheinung eine so große Bedeutung zukommt.

Nun gibt es Stimmen, die den ersten Eindruck für überbewertet halten, nach dem Motto: Richtig lernt man einen Menschen sowieso erst nach mehrmaligen Kontakten kennen und häufig muss man daraufhin den ersten Eindruck revidieren. Zweifelsohne stimmt das. Doch hat man den ersten Eindruck verpfuscht, bietet sich häufig gar keine Gelegenheit mehr für weitere Kontakte. Gerade im Berufsleben, wenn Sie neue Geschäftspartner kennenlernen oder sich um eine lukrativere Position bewerben, kann der positive erste Eindruck entscheidend für Ihren weiteren Erfolgsweg sein. Warum es sich also schwer machen und dem Äußeren die notwendige Sorgfalt verwehren?

Denken in Klischees. Bedenken Sie auch immer, wie schnell der Mensch durch sein Äußeres in eine Schublade gesteckt wird. Denn zwischenmenschliche Abläufe funktionieren nach ganz bestimmten Mustern: Wir denken in Klischees, das heißt nach festgefahrenen Vorstellungen. Oftmals werden diese über Generationen weitergetragen. »Männer zeigen keine Emotionen« oder »Frauen sind zickig«, Sie alle kennen solche oder ähnliche Gemeinplätze. Ob diese längst überholt, richtig oder falsch sind, wird oft gar nicht mehr hinterfragt.

Auch im Job stecken Sie schneller in einer Schublade, als es Ihnen lieb ist. Wie schnell wecken leuchtend rote Lippen zu wallenden, lockigen Haaren die Assoziation von »Vamp« oder längere Haare und Dreitagebart das Bild eines »Playboys«. Im Grunde wäre das nicht weiter schlimm. Doch bringen Sie derartige Assoziationen auf Ihrem Karriereweg weiter? Sicherlich nicht. Seien Sie sich stets solcher Mechanismen bewusst. Denn hat Ihr Gegenüber Sie erst einmal in eine Schablone gedrängt, kann es ganz schön mühselig sein, da wieder rauszukommen.

Wirkungsvoll im Business-Outfit: Die 6 Grundregeln

Ein wirkungsvolles Business-Outfit unterstützt in hohem Maße Ihre fachliche Kompetenz und gehört somit zum Fundament für Ihren geschäftlichen Erfolg. Aber wodurch zeichnet es sich aus? Einen einheitlichen Dresscode gibt es nicht. Denn es ist ein Unterschied, ob Sie in einer Managementberatung oder einer Werbeagentur tätig sind. Dennoch existieren Richtlinien – sogenannte Grundregeln – für das Kompetenz ausstrahlende Business-Outfit. Diese orientieren sich an den folgenden Schlagworten:

Gepflegtheit. Ein supergepflegter Auftritt ist prägend für Ihr gesamtes Erscheinungsbild. Weshalb? Erstens gewinnen Sie nachhaltig an Attraktivität. Studien belegen, dass Attraktivität als Erfolgsfaktor für die Karriere eine entscheidende Rolle spielt, steht sie doch für Gesundheit, Lebenskraft und Leistungsfähigkeit. Zweitens bekunden Sie durch ein gepflegtes Äußeres »Wertschätzung«, und das nicht nur sich selbst, sondern auch anderen gegenüber. Die Folge: Auch Ihre Umwelt begegnet *Ihnen* mit wertschätzender Achtung.

Angemessenheit. Hier knüpfen wir an den oben erwähnten Unterschied in Sachen Dresscode an: Ihr Bekleidungsstil sollte zur Branche passen. Empfehlenswert ist, sich auf die Erwartungen von Geschäftspartnern und Kunden einzustellen. So sieht der Kunde, der zur Bank geht, seine Beraterin im »präzisen« Zweiteiler mit heller Hemdbluse. Siebzigerjahre-Jeans, T-Shirt und Lederjacke wären eindeutig fehl am Platz. In der Werbe- oder Modebranche sieht das ganz anders aus. Wer hier zu klassisch auftritt, wird als spießig und unkreativ abgetan. Häufig bestehen firmeninterne Gepflogenheiten in puncto Dresscode. Diese sollten Sie registrieren und vor allem respektieren, indem Sie Ihr Outfit jener Erwartungshaltung anpassen. Ein wichtiger Aspekt ist auch Ihre Stellung innerhalb des Unternehmens. Wo stehen Sie in der Firmenhierarchie, welcher Art sind Ihre Repräsentationspflichten? Ist Ihre Kleidung dieser Position angemessen? Im Allgemeinen gilt: Je exponierter Ihre Stellung, desto formeller Ihr Kleidungsstil.

Klarheit. Wir leben heute in einer Welt der Geschwindigkeit. Schnelle Entscheidungen und klare Aussagen sind gefordert. Dazu gehört Klarheit im Outfit. Ein perfekt geschnittener Hosenanzug in edlem Material mit einem gezielt platzierten Schmuckstück signalisiert eine klare Stellungnahme und damit Kompetenz und Glaubwürdigkeit. Dagegen vermittelt »unübersichtliche« Schnittführung und ein Zuviel an Accessoires sehr schnell den Eindruck von Unentschlossenheit und mangelnder Entscheidungsfreude.

Wertigkeit. »Wertvolle Kleidung unterstreicht wertvolle Worte, und wertvolle Worte stehen für fachliche Kompetenz«. Das bedeutet nichts anderes als: Gute Kleidung spiegelt das hohe Maß Ihrer Fähigkeiten wider. Doch wertvolle Kleidung hat nichts mit protzigem Auftreten gemein und heißt auch nicht, dass Sie nur in Teurem schwelgen sollen. Denn auch Feingefühl, Kombinationsgeschick und Sinn für Ästhetik bestimmen Ihr wertiges Erscheinungsbild – und das hat nicht immer etwas mit dem Preis zu tun.

Wohlgefühl. Kleidung darf weder Fremdkörper noch Störfaktor sein. Sicher und souverän aufzutreten, setzt voraus: Sie fühlen sich wohl in dem, was Sie tragen. Nur so gewinnen Sie an Wirkungskraft und Ausstrahlung.

Modernität. Ein Begriff, der Ihnen in diesem Buch immer wieder begegnet und der infolgedessen einer Definition bedarf. »Modern« ist keinesfalls zu verwechseln mit »modisch«. Modisch heißt: Jeden Tag ein neuer Look, eine Richtung ist nicht erkennbar. Dagegen bedeutet modern zu sein, sich einerseits am Zeitgeist zu orientieren, andererseits aber immer seinen persönlichen Stil zu wahren.

Formell oder entspannt

Wie gesagt, der Einheits-Business-Look existiert nicht. Gemeinhin unterscheiden wir jedoch zwei Richtungen: den formellen und den entspannten Business-Look.

Formeller Business-Look. Formell ist »in«. Beobachten Sie die Musikszene? Gerade hier werden Zeitgeist und unterschiedliche Strömungen besonders deutlich. Während männliche Popstars noch vor einigen Jahren vorwiegend im Streetwear-Look begeisterten, präsentieren sich viele Idole unserer Zeit smart und ordentlich im Anzug. Offensichtlich liegt die Rückbesinnung auf gesellschaftliche Konventionen absolut im Trend. Das gilt gleichermaßen oder insbesondere fürs Business. Es besteht kein Zweifel, als Karrierefrau oder -mann im Management bringen Sie Ihre Ambition am deutlichsten in formeller Kleidung zum Ausdruck. Denn damit signalisieren Sie Stärke und Souveränität. In konventionellen Unternehmen wie beispielsweise Banken oder Consulting-Firmen der Wirtschaft herrscht ohnehin der formelle Business-Look vor. Und wie sieht dieser aus? Hier die Kurzversion: Kostüm oder Anzug mit passender Bluse für Frauen, Anzug, Hemd und Krawatte für Männer. Ausführliches dazu erfahren Sie später.

Business formell

Entspannter Business-Look. Hier handelt es sich keinesfalls um einen lässigen Look à la »Zipper-Pulli, Cargohose und Sneakers«. Es ist vielmehr ein »angezogener« beziehungsweise repräsentationstauglicher Kleidungsstil gemeint, der lediglich »entspannter« interpretiert wird. Das bedeutet für Frauen: Statt Kostüm oder Anzug können Sie eine Kombination, statt klassischem Blazer eine modifizierte Jackenform tragen. Eine gute Alternative zur Bluse bieten T-Shirt oder Strickteil. Sie können mit Stoffen, Farben und Accessoires spielerischer umgehen.

Welche Möglichkeiten haben Männer? Es gilt Ähnliches wie bei den Frauen: Die Kombination kann den Anzug ersetzen oder ein Poloshirt das Hemd. Sie dürfen auf die Krawatte verzichten. Und Jeans? Warum nicht, wenn sie in Ihr Geschäftsbild passen.

Entspannter Business-Look

Situationsbedingt. Nicht selten ist die Wahl Ihres Outfits situationsabhängig. Auch wenn es Ihre Branche gelassen nimmt, können Sie punkten, wenn Sie zum besonders wichtigen Termin in Anzug und Krawatte erscheinen. Umgekehrt kann im traditionellen Business ein salopperes Erscheinungsbild durchaus von Vorteil sein, beispielsweise, wenn es beim Meeting im internen Kreis entspannter zugeht und ein strenger Kleidungsstil eher hinderlich wäre. Beziehen Sie solche Aspekte stets in Ihre Überlegungen mit ein.

Was Frau trägt – und wie sie wirkt

Die Qual der Wahl: Kostüm, Anzug oder Kombination

Das Komplettoutfit. Ob Anzug oder Kostüm, diese Frage ist figur-, geschmacks-, mode- und kulturabhängig. Eines ist allerdings unumstritten, in seiner Kompetenzausstrahlung ist das Komplettoutfit ungeschlagen. Denn Anzug und Kostüm wirken formell und je formeller das Outfit, umso kompetenter Ihre Wirkung. Klarheit und Einfachheit trumpfen hier. Denken Sie nicht, Einfachheit ist das Gleiche wie Eintönigkeit. Die stilvollsten und zeitlosesten Dinge zeichnen sich meist durch Einfachheit aus. In Bezug auf Kostüm und Anzug hat diese sogar eine doppelte Bedeutung. Zum einen: Das Design ist schnörkellos, der Betrachter respektive Zuhörer wird durch nichts Überflüssiges abgelenkt. Zum anderen: Zwei wesentliche Teile der Garderobe, Jacke und Rock oder Hose, bilden eine Einheit. Es sind keine langen Entscheidungsprozesse nötig, um ein passendes Kombiteil zu finden. Dadurch verkürzt sich Ihr morgendlicher Dialog mit dem Kleiderschrank, und das macht Ihr Leben einfacher.

Das Kostüm. »Am Anfang war das Kostüm«. Noch heute wird mancherorts von Frauen erwartet, das Business-Parkett im Kostüm statt im Hosenanzug zu betreten. Es ist eine Spur formeller, eleganter und natürlich femininer als der Hosenanzug. Besonders zierliche Frauen machen eine gute Figur im klassischen Kostüm – der kurzen Jacke zum knielangen Rock. Das Lang-Rock-Kostüm, gern als Alternative genutzt, mutet dagegen eher bieder an. Darüber hinaus wirkt der lange Rock bei kräftigeren Figuren kompakt, da er eine mehr oder weniger geschlossene Front bildet. Zwar können hohe Schlitze die Fläche auflockern, im Berufsalltag sind sie allerdings verpönt.

Perfekt in Kostüm oder Anzug

Der Anzug. Seinen fulminanten Siegeszug in der Damenmode begann der Anzug in den Dreißigerjahren des letzten Jahrhunderts. Protagonistinnen waren Stilikonen wie Marlene Dietrich, Greta

Garbo und Katharine Hepburn. Diese Frauen stehen noch heute – viele Jahrzehnte später – für Nonkonformität, Emanzipation und Modernität. Eine puristische und gradlinige Ausstrahlung zeichnete sie aus. Ihre Wirkung war dennoch keineswegs männlich, nein, der Herrenanzug unterstützt geradezu eine weibliche Ausstrahlung und spielt mit der Ambivalenz der Geschlechter.

Sprechen wir in diesem Zusammenhang jedoch über Business-Mode, müssen wir uns noch bis Mitte der Sechzigerjahre gedulden. Nun erst nahmen sich Modedesigner wie zunächst Yves Saint Laurent in Paris und gut zehn Jahre später Giorgio Armani in Mailand dieses Themas an. Der Herrenanzug wurde femininisiert und zog in die Business-Mode ein. Noch heute profitieren Frauen auf der ganzen Welt von dieser genialen »Erfindung«. Seinen Erfolg verdankt er nicht zuletzt zwei Eigenschaften: Zum einen ist kaum ein anderes Kleidungsstück figurgünstiger als der Hosenanzug – durch seine homogene Farbigkeit von der Schulter bis zum Schuh streckt er und macht schlank. Zum anderen ist er weitaus praktikabler als das Kostüm. Denken Sie nur an die Vielfalt der Schuhmodelle, die Sie dazu tragen können. Diesbezüglich erfordert das Kostüm viel mehr Bedacht. Sehen die Schuhe chic aus, sind sie meist unbequem. In Kombination mit dem schmalen Rock schränken sie zusätzlich die Bewegung ein, und der Trippelschritt der Fünfzigerjahre ist für eine souveräne Ausstrahlung wenig hilfreich.

Spießiger Anzug

Eine Personalleiterin erklärt mir während der Beratung, sie fände Anzüge spießig und langweilig, müsse diese aber im Unternehmen tragen. Abends sei sie immer froh, wenn sie sich ihrer Business-Kleidung entledigen könne. Einen ihrer Anzüge hat sie mitgebracht. Mit den Worten in den Augen: »Sehen Sie, ich hab's doch gleich gesagt!«, steht sie missmutig vor dem Spiegel. Und wirklich, chic sieht sie darin nicht aus. Für ihre Körperproportion ist die Jacke viel zu lang und weit, die Schultern wirken gewaltig, die Armlöcher und Ärmel entsprechen dem Rest. Hinzu kommt, dass die Hose konisch geschnitten ist und voluminös im Oberschenkelbereich. Das Ganze hat den Appeal der Neunzigerjahre.

Vorm Spiegel demonstriere ich ihr: »Schauen Sie, wie sich die Wirkung verändert, wenn ich die Schultern zusammenschiebe, Oberweite und Taille im Rücken einhalte und den Saum nach innen schlage.« Ich bitte sie, in ein schlankeres Modell aus unserem Fundus zu schlüpfen. Auch wenn dieses nicht genau ihrer Konfektionsgröße entspricht, verdeutlicht es noch besser, was ich meine. Die Kundin stellt überrascht und sichtlich erfreut fest: »Jetzt sehe ich ja völlig anders aus, viel schlanker, richtig modern … und überhaupt nicht spießig. Dass ein Hosenanzug so raffiniert aussehen kann, hätte ich nie gedacht.«

Die Kombination. Eine Zusammenstellung von unterschiedlichen Stoffen und Farben kann nie so formell sein wie das Outfit aus einem Guss. Doch sie bietet Ihnen die Möglichkeit, auch einmal aus dem strengen Business-Korsett auszubrechen. Denn die Kombination ermöglicht Ihnen eine lässigere Interpretation Ihrer Garderobe und kann gerade deshalb eine echte Alternative sein – je nach Situation, Tätigkeitsbereich und Gepflogenheiten der Branche. Sogar in exponierter Stellung findet sie Einsatz. Nehmen wir beispielsweise Angela Merkel: Als Bundeskanzlerin lockert sie ihre Garderobe immer wieder durch farbige oder helle Blazer auf. So hebt sie sich optisch aus dem überwiegend männlichen Umfeld heraus.

Tipp:
Helle Farben ziehen den Blick an. Wählen Sie deshalb innerhalb der Kombination die hellere Farbe zu Gesicht. Das Auge des Betrachters wird so automatisch nach oben gelenkt.

Die Jacke. Hervorragende Verarbeitung und eine exzellente Passform kennzeichnen die Jacke. Selbstverständlich gilt dies für jedes Kleidungsstück, und doch sind gerade bei der Jacke diese Kriterien von besonderer Bedeutung. Weshalb? In der Begegnung mit einem Geschäftspartner liegt nicht nur Ihr Gesicht, sondern auch der Bereich Kragen-Schulter-Ärmeleinsatz in dessen Blickfeld. Genau hier offenbaren sich oben genannte Kriterien. Das heißt: Der Kragen schmiegt sich um den Hals, ohne abzustehen. Die

Schulternaht liegt glatt und wirft keine Falten. Die Armkugel ist sauber ins Armloch eingenäht und nicht gekräuselt.

Und das Design? Ist die Jacke ein- oder zweireihig, handelt es sich um ein längeres oder kürzeres Modell, wie viele Knöpfe kommen zum Einsatz? Und die Revers, sind diese schmal oder eher breit? Das alles sind Fragen der Figur, des persönlichen Geschmacks und des allgemeinen Trends.

Der Kragen steht ab, die Schulter liegt unruhig, Fältchen im Ärmel (links). Optimale Passform in Kragen-, Schulter-, Ärmelbereich (rechts).

Tipp:
Einreihige Modelle sind praktischer als zweireihige, da Sie diese auch geöffnet tragen können.

Die Hose. Die Vielfalt ist groß. Für welches Modell Sie sich konkret entscheiden, sollten Sie nicht nur von der Mode, sondern auch von Ihrer figürlichen Disposition abhängig machen – doch dazu mehr in einem späteren Kapitel. Auf welche Punkte müssen Sie nun im Wesentlichen achten? Zunächst stellt sich die Frage: Soll die Hose mit oder ohne Bügelfalte gearbeitet sein? Wenn Sie keine zwei Meter langen Beine haben, spricht alles für die Bügelfalte, da diese optisch verlängert. Außerdem signalisiert sie Ihrem Umfeld: Korrekte Falte gleich korrekte Trägerin. Nutzen Sie diesen Effekt! Zur Beinform: Favorisieren Sie das schlanke, gerade geschnittene Bein oder gemäßigt weite Formen. Auch wenn Sie es sich figürlich leisten können, Röhren- oder Reiterhosen sind ein absolutes Tabu. Und die Länge? Tragen Männer ihre Hosen eher zu lang, sind sie bei vielen Frauen zu kurz. Vielleicht liegt es an der weitverbreiteten Empfehlung, die Hose dort enden zu lassen, wo der Absatz des Schuhs beginnt. Diese Regel ist viel zu allgemein. Ausschlaggebend für die Länge ist die Saumweite. Je weiter das Bein, umso länger darf die Hose sein. Reicht ein schmaler Hosensaum ungefähr bis zur Fersenkappe des Schuhs, so kann ein weiter Saum durchaus zwei Zentimeter über dem Boden enden. Hier spielt natürlich auch die Absatzhöhe des Schuhs eine wesentliche Rolle. Apropos Länge: Mode hin, Mode her, tragen Sie im Business lange Hosen, egal wie trendy Dreiviertel-, Siebenachtel- oder gar noch kürzere Modelle sind. Kurzformen wirken zu sportlich, kindlich oder »unvollständig«.

Die Saumweite bestimmt die Länge der Hose

Tipp:

Entscheiden Sie sich, welche Absatzhöhe Sie zu welcher Hose tragen. Nur so können Sie die korrekte Länge festlegen.

Tipp:

Formen sollten nie zu extrem sein. Wenn Sie sich als absolute Modekennerin profilieren, schmälert das Ihre fachliche Kompetenzausstrahlung – es sein denn, Sie sind in einer Kreativbranche tätig.

Der Rock. Wie alles andere, so unterliegt auch der Rock den modischen Trends. Ob kurz oder lang, weit oder schmal, der Fantasie sind keine Grenzen gesetzt. Machen Sie es sich im Business einfach. Die beste Rockform ist knielang und gerade geschnitten oder zum Knie hin etwas enger. Modelle mit leichtem Spiel im Saum ergänzen das Spektrum, solange sie nicht romantisch oder verspielt wirken.

Tipp:

Machen Sie beim Rockkauf eine Sitzprobe. Ein Rock, der stehend businesstauglich ist, kann sich im Sitzen als Problem entpuppen. Entweder rutscht der Saum zu weit nach oben, oder aber die Schlitze – sind sie seitlich oder vorne eingearbeitet – entblößen Ihre Oberschenkel. Die Folge: Sie sind abgelenkt und verunsichert, weil Sie mit dem Zurechtrücken Ihres Rockes beschäftigt sind. Schlitze im Hinterrock sind erfahrungsgemäß am praktischsten.

Hose oder Rock?

Eine Unternehmerin, durchschnittlich groß und schlank, stellt mir ihre Anzüge vor. Die Farben, die Stoffe, die Passform – alles stimmt. Unsicher fragt sie mich, wie es mit Kostümen aussieht. Sie würde gern, weiß aber nicht so recht. »Bei anderen Frauen finde ich Kostüme immer toll. Wenn ich aber eines anziehe, schaue ich kurz in den Spiegel und ziehe es dann schnell wieder aus.« Ich bitte sie, ihr mitgebrachtes Exemplar doch einmal anzuziehen. Mit kritischem Blick schaut sie in den Spiegel. »Wo liegt in Ihren Augen das Problem?«, erkundige ich mich in dem Wissen, was sie antworten wird. »Ich wirke so plump im Kostüm.« In der Tat, sie wirkt im Kostüm wesentlich kräftiger. Der Grund: Ihre Waden sind deutlich ausgeprägter als ihre sonstige Figur es ahnen lässt.

Mein Rat: »Bis auf Ihre Beine ist Ihr Körperbau zierlich. Wenn Sie eine Hose tragen, kommt keiner auf die Idee, dass Sie kräftige Waden haben. Jeder beneidet Sie um Ihre schlanke Figur. Entscheiden Sie sich daher für den Anzug. So lassen Sie Ihre Umwelt in dem Glauben, unter Ihrer Hose verbergen sich perfekte Beine!«

Die häufigsten Fehler

Die Jackenärmel sind zu lang. Ein häufiger Anblick sind Ärmel, die weit auf den Handrücken fallen. Nur noch ein Teil des Daumens ist sichtbar. Egal, wie gut die Jacke sonst passt, sie wirkt zu groß. So, als ob die Trägerin noch hineinwachsen müsste. Die korrekte Ärmellänge reicht bis zur Daumenwurzel.

Die korrekte Ärmellänge reicht bis zur Daumenwurzel

Ausgesprochen sportive Details. Dicke Drucker, Reißverschlüsse oder Schließen sind im Business-Outfit fehl am Platz. Besser sind wertige und dezente Knöpfe.

Zu verspielte Details. Gerade das »feminine« Kostüm ist häufig überladen mit verspielen Details. Florale Applikationen, Fransen oder Pelzbesatz am Ärmelsaum, riesige Goldknöpfe oder farblich abgesetzte Taschen »schmücken« das Teil. Leider wird feminin nicht selten mit verspielt oder romantisch gleichgesetzt. Verspieltes weckt jedoch die Assoziation »Kind«, Romantisches hingegen die Assoziation »Träumerin«. Doch was hat die Businessfrau mit diesen Stereotypen gemein?

Die Hemdbluse: Ein Must-have im Job

Wie der Name vermuten lässt, ist auch die Hemdbluse der Männermode entliehen. Sie ist die feminine Variante des Herrenhemdes und als Business-Basic die ideale Begleiterin zu Anzug und Kostüm. Durch ihre kompromisslose Klarheit steht sie wie kein anderes Kombiteil für Kompetenz. Ganz besonders gilt dies für die weiße Hemdbluse mit ihrer cleanen und korrekten Ausstrahlung. Doch reizlos ist sie dadurch keinesfalls. Denken Sie nur an legendäre Stilikonen wie Katharine Hepburn oder Grace Kelly – sahen diese nicht grandios in weißer Bluse aus?

Die Passform. Noch in den Neunzigerjahren waren Blusen sehr üppig geschnitten. Das entsprach dem damaligen Modeverständnis. Heute ist die Linienführung insgesamt eher schlank, demnach auch die Hemdbluse. Die Ärmel sind schmal, der Rumpf wird durch Abnäher oder Taillierung an die Figur heran geführt. Dadurch wirkt sie femininer und weniger »hemdig«. Ist sie aus fließendem Material gearbeitet, darf der Schnitt mehr Volumen haben. Ein wichtiger Aspekt für gute Passform ist die richtige Verknöpfung. Achten Sie auf den Knopfabstand! Gerade für Frauen »mit Figur« darf dieser nie zu groß sein. Außerdem muss dort, wo die Oberweite am stärksten ist, ein Verschlussknopf sitzen.

Tipp:

Wenn Sie eine Bluse anprobieren, überprüfen Sie deren Länge. Sie sollte so lang sein, dass sie bei Bewegung nicht aus dem Hosen- oder Rockbündchen herausrutscht. Eine gute Alternative bieten Modelle in Bodyform. Sie haben ein angeschnittenes »Höschen« und werden im Schritt verknöpft.

Das Material. An erster Stelle steht bei der Hemdbluse die Baumwolle. Femininer wirkt Seide, pur oder in Mischung. Zunächst zur Baumwolle. Achten Sie stets auf Qualität, die Unterschiede sind enorm. Minderwertige Stoffe sind nicht nur bockig und derb, sondern auch stumpf in Optik und Griff. Dagegen zeichnen sich gute

Waren durch geschmeidigen Fall und matten Schimmer aus. Das feinere Material ist angenehm auf Ihrer Haut und erhöht den Tragekomfort. Apropos Komfort: Ideal sind Elasthan-Beimischungen. Dadurch gewinnt die Ware an Elastizität und bietet deutlich mehr Bewegungsfreiheit. Auch wenn Sie sich für Seidiges entscheiden, achten Sie darauf, dass die Ware qualitativ hochwertig ist. Wählen Sie Stoffe mit Substanz. Denn die Bluse sollte weder wie ein »Fähnchen« wirken, noch sollte man befürchten müssen, dass bei der nächsten unbedachten Bewegung der Ärmel ausreißt. Die Zugabe von Elasthan macht sich auch bei Seide positiv bemerkbar. Auf jeden Fall zu meiden sind Qualitäten im Crash- oder Knitterlook. Denken Sie daran: Knittriges signalisiert Unordentlichkeit, eine Botschaft, die Sie mit Sicherheit nicht aussenden wollen.
In puncto Farbe haben Sie die Wahl: Sie können sich an den klassischen Hemdenfarben orientieren oder aber Akzente setzten. Meiden Sie jedoch allzu grelle Töne. Zu den Dessins: Neben Uni und Uniähnlichem stehen Streifen, Vichy- oder Gitterkaros, aber auch Druckdessins zur Wahl. Treffen Sie Ihre Entscheidung allerdings mit Bedacht. Allgemein gilt: je formeller die Situation, umso zurückgenommener Farbe und Muster.

Tipp:
Favorisieren Sie die helle Bluse! So forcieren Sie schon optisch die Aufmerksamkeit Ihrer Gesprächspartner.

Details und Varianten. Hat die klassische Hemdbluse in ihrer zeitlosen Modernität absolute Priorität, existieren daneben auch andere durchaus erwähnenswerte Blusenformen. Nicht selten handelt es sich dabei um Seidenblusen. Kragenlose Varianten mit eingelegten Falten am Ausschnitt oder Faltenpartien entlang der Knopfleiste können gleichermaßen überzeugen wie ganz schlichte Modelle mit rückwärtigem Verschluss. Schluppenblusen, solche mit Steh- oder Reverskragen ebenso wie Kasacks aus fließenden Materialien bieten sich als Alternative an. Zweifellos unterliegt auch die Bluse sich wandelnden Modeströmungen. Hinterfragen Sie daher immer: Ent-

spricht das jeweilige Modell dem momentanen Zeitgeist oder sieht es bieder und altbacken aus?
Welche Details bietet die Bluse außerdem? Sie können mit Teilungsnähten, Abnähern, Kragen- oder Reverslösungen und mit Manschettenformen spielen. Raffinierte Kräuselungen und Raffungen können bei unterschiedlichsten Modellen zum Einsatz kommen. Wichtig ist dabei immer eine gute Verarbeitung und dementsprechendes Zubehör wie etwa Perlmuttknöpfe. Verzichten Sie auf zu sportliche, verspielte und erst recht auf »witzige« Details wie aufgestickte Comicfiguren et cetera. Übrigens: Im Gegensatz zum Mann darf Frau im Sommer durchaus kurzärmelige Blusen tragen, ärmellose Modelle sollte sie hingegen meiden.

Details: Kragenformen, Manschetten und Abnäherlagen

Tipp:
Achten Sie beim Bluseneinkauf ganz besonders auf eine gute Kragenpassform. Ein schlecht sitzender Kragen wirkt sich gerade im Zusammenspiel mit Ihrer Jacke wenig vorteilhaft aus. Denn Sie müssen diesen förmlich in den Jackenausschnitt zwingen.

Der Blusenkragen legt sich nicht in den Jackenausschnitt (links). Korrekt sitzender Kragen (rechts).

Schlichte Bluse

Eine Geschäftsstellenleiterin hat zur Beratung ein paar Outfits mitgebracht. Dass die Bluse zum Hosenanzug ihre Kompetenzausstrahlung fördert, ist ihr bewusst. Gemeinsam schauen wir uns eine Auswahl ihrer Blusen an. »Haben Sie auch ein schlichtes Modell dabei?«, frage ich, denn alle Blusen sind augenfällig geschmückt, ob durch Stickereien, Applikationen oder opulente Zierknöpfe. »Eine schlichte Bluse? Meinen Sie damit so eine klassische Hemdform? Sieht die nicht langweilig aus? Ich bin froh, dass ich Blusen mit aufwendigen Details gefunden habe.« Sie zieht eine ihrer Blusen an, und zwar die mit den Applikationen. Darauf meine Frage: »Was glauben Sie, wovon wird der Blick des Betrachters eingefangen?« Zögerlich antwortet Sie: »Ich fürchte vom Muster auf meiner Bluse.« Nun probiert sie ein Modell aus unserem Sortiment an, gradliniger, schlichter und trotzdem mit Pfiff. Der Unterschied wird ihr augenblicklich bewusst. Mehr noch, ihr gefällt, was sie da im Spiegel sieht. Sie lacht: »Keine Frage, jetzt sieht mein Gegenüber zuerst mich.«

Die Bluse spannt über dem Busen. Zugegeben, gerade für Frauen mit mehr Oberweite ein schwieriges Thema. Einerseits soll die Bluse nicht unförmig weit, andererseits nicht so schmal sein, dass sie über dem Busen auseinanderklafft. Wählen Sie gemäßigte Formen, am besten mit seitlichem Brustabnäher. Und denken Sie, wie bereits erwähnt, an die richtige Verknöpfung!

Nähte und Abnäher sind kraus. Insbesondere bei taillierten Blusen ein nicht seltenes Problem. Das wirkt unordentlich und wenig gepflegt. Achten Sie darauf, wie die Bluse abgesteppt ist. Modelle mit ungesteppten Nähten und Abnähern sind weniger problematisch als abgesteppte Formen und ganz bestimmt leichter zu bügeln.

Kleider mit Stil

Das Kleid als elegantestes und gleichzeitig weiblichstes Kleidungsstück spielt heute im formellen Business eine untergeordnete Rolle. Modethemen wie Wickel- oder Jerseykleider finden im eher legereren Umfeld ihren Platz. Wichtig ist hier, dass die Modelle nicht zu offenherzig geschnitten sind und dass die Qualitäten genügend Stabilität aufweisen, damit sich weder Ihre Wäsche noch Ihre Figur »abmalt«. Und sommerliche Trägerkleidchen? Die sind besser in Ihrer Freizeit aufgehoben. Geeignete Formen im formelleren Business sind das Etuikleid, insbesondere als Jackenkleid, das Mantelkleid und das Hemdblusenkleid. Kennzeichnend ist deren »angezogener« Look, das heißt die eingesetzten Stoffe orientieren sich stark an denen, die beim Kostüm Einsatz finden. Ausnahme ist das Hemdblusenkleid, hier sind die Stoffe leichter. Die beste Länge für Businesskleider ist, wie sollte es anders sein, knieumspielt.

Tipp:
Achten Sie gerade bei Kleidern darauf, dass sie nicht zu kurz sind. Denn ein Kleid hat, mehr noch als der Rock, die unangenehme Eigenschaft, sich beim Sitzen hochzuschieben.

Das Etuikleid. Das auch Shift- oder Futteralkleid genannte Modell ist heute vor allem als Jackie-O.-Kleid ein Begriff. Es hat seinen festen Platz in der Garderobe der stilvollen Frau. Das kragenlose Kleid ist in seiner Schlichtheit zeitlos. Gerade und dennoch figurnah geschnitten, kann es sowohl ärmellos als auch mit kurzen Ärmeln gearbeitet sein. Kombinieren Sie dazu eine Jacke aus gleicher Ware. Es entsteht so der formellere Kostüm-Charakter, die Rede ist dann vom Jackenkleid.

Jackenkleid, Mantelkleid, Hemdblusenkleid (von links nach rechts)

Das Jackenkleid. Wie eben beschrieben: Etuikleid plus Jacke gleich Jackenkleid. Zugegeben, der Name hört sich nicht besonders spannend an, dennoch kann es durchaus chic sein. Die Jackenlängen variieren je nach Interpretation von der Taille bis zur Hüfte.

Das Mantelkleid. Dabei handelt es sich keineswegs, wie Sie jetzt vielleicht annehmen, um ein Kleid mit Mantel. Nein, dieses Modell ist wie ein Mantel oder vielmehr wie ein langer, schlanker Blazer geschnitten. Typisch dafür: die ein- oder zweireihige Verknöpfung, Blazerrevers und lange Ärmel. Das Kleid hatte seine Hochphase in den Neunzigern. Deshalb: Wenn Sie sich eines zulegen möchten, warten Sie lieber, bis es wieder Mode wird.

Tipp:
Beachten Sie bei durchgeknöpften Kleidern generell die Höhe des untersten Knopfes. Dieser darf nicht zu weit oben angebracht sein, sonst erleben Sie beim Sitzen eine böse Überraschung.

Das Hemdblusenkleid. Der Name ist Programm. Das meist bis zum Saum durchgeknöpfte Kleid ist wie eine lange Hemdbluse geschnitten. Der Hemdkragen und eher »hemdige« Waren wie Baumwollpopeline sind charakteristisch. Für den beruflichen Einsatzbereich wählen Sie zwischen Lang-, Dreiviertel- oder Kurzarmmodellen.

Von T-Shirts und Pullovern

T-Shirt und Pullover sind Wirk- oder Strickerzeugnisse, Materialien, die ursprünglich aus dem Wäschebereich beziehungsweise aus der sportiven Mode stammen. Schon deshalb wirken sie legerer als die Bluse. Wägen Sie daher ab, wann und wo Sie damit passend gekleidet sind.

Das T-Shirt. Ursprünglich ist das T-Shirt ein schlichtes kurzärmeliges Herrenunterhemd – geschnitten wie ein »T«. Doch im

Laufe der Jahrzehnte hat es sich im Kleiderschrank der Frau seinen festen Platz erobert. Heute kennen wir eine ungeheuere Vielfalt unterschiedlichster Modelle, die unter dem Begriff **Top** geläufig sind. Aus der weiblichen Geschäftsgarderobe sind diese nicht mehr wegzudenken. Voraussetzungen sind – wie könnte es anders sein – gutes Material und beste Verarbeitung. Griff und Optik sind fein und nie grob, sportiv oder verwaschen. Als Qualität eignen sich hochwertige Baumwolle und Seidiges. Von Vorteil können Elasthan-Beimischungen sein. Sie verbessern Passform und Bewegungskomfort.

Eine Alternative zum T-Shirt bietet der **Body**. Die elastische Ware und die Verknöpfung im Schritt sorgen für eine gute Passform. Doch Vorsicht, der Body muss ausreichend lang geschnitten sein. Für T-Shirt und Body gilt: Tragen Sie diese Teile nicht alleine, sondern immer unter einer Jacke.

Tipp:
Zu dünne Qualitäten malen jedes noch so kleine Pölsterchen ab. Schauen Sie nach Waren mit »Substanz«.

Pullover. Strick im Job? Wenn es formell zugeht, nein. Dagegen hat er beim entspannten Business-Look durchaus seine Berechtigung. Aber Vorsicht, die Jacke gehört auch hier immer dazu. Garne und Strickart sind fein – im Sinne von dünn und edel. Es bieten sich Schurwolle, Kaschmir oder Seide an. Ob Sie Rundhals- oder V-Ausschnittpullis bevorzugen, bleibt Ihnen überlassen. Wenn Sie Minimalismus und Extravaganz lieben, kann ein Rollkragenpullover genau das Richtige sein. Und das **Twinset**? Das Deux-pièces aus Kurzarmpulli und Strickjacke in gleicher Ware und Farbe wurde in den Dreißigern populär. Viele Frauen haben es in den vergangenen Jahrzehnten zu ihrem Lieblingsteil erkoren. Es ist ein absoluter Klassiker und passt durch seinen schlichten Chic ins Business-Umfeld. Doch denken Sie daran: Eine Strickjacke kann in der formellen Geschäftswelt nie die Stoffjacke ersetzen.

Komplett im Mantel

Nicht nur im Winter, sondern auch bei nass-kühlem Übergangswetter, ist das Outfit ohne Mantel nicht komplett. Er wärmt Sie und schützt Ihre Kleidung gegen Regen und Schmutz. Doch außer der Schutzfunktion hat er auch die Aufgabe, Ihr Outfit stilgerecht zu komplettieren. Was nützt das schönste Kostüm, wenn Sie eine lieblose, abgenutzte Hülle darüber werfen?

Wollmantel, Trenchcoat, Slipon (von links nach rechts)

Im beruflichen Umfeld ist der Mantel unentbehrlich. Die Jacke kann ihn nicht ersetzen. Grundsätzlich unterscheiden wir zwei Manteltypen: den Baumwoll- und den Wollmantel.

Der Baumwollmantel. Er schützt vor Nässe. Ist er mit Wollfutter gearbeitet, spendet er überdies Wärme. Klassische Materialien sind Gabardine oder Popeline in neutralem Beige. Als Form hat sich der **Slipon** bewährt. Charakteristisch für diesen ebenso praktischen wie unprätentiösen Mantel sind die Raglanärmel, die verdeckte Knopfleiste und ein kleiner Kragen. Der Slipon ist gerade oder leicht ausgestellt. Der **Trenchcoat** dagegen bietet wesentlich aufwendigere Details. Typisch sind: zweireihige Verknöpfung, breite Revers, Koller vorne und hinten, Gürtel, Schulterklappen und Ärmelriegel. Im formellen Business ist er allerdings zu sportlich.

Der Wollmantel. Der Mantel für den Winter besteht aus Schurwolle, Kaschmir oder hochwertigen Mischungen und ist in dunklen oder gedeckten Farben gehalten. Seine Form? Diese Frage ist gar nicht so leicht zu beantworten. Schließlich existieren in der Damenmode zahlreiche Varianten und nicht wenige davon sind businesstauglich. Gute Dienste erweist Ihnen beispielsweise ein etwa knielanger, einreihig verknöpfter **Kurzmantel** mit Revers oder Umlegekragen. Seine Silhouette: schmal und doch so weit, dass er komfortabel in der Handhabung bleibt. Daneben haben Sie immer die Wahl. Sie können zum Zweireiher greifen oder sich für einen langen Mantel entscheiden. Beide haben nur einen Nachteil: Im hektischen Berufsalltag sind sie weniger praktisch.

Tipp:
Tragen Sie gern Röcke? Achten Sie darauf, dass der Saum Ihres Mantels den Rocksaum bedeckt.

Tipp:
Sie kaufen einen neuen Mantel. Wählen Sie ein unkompliziertes Styling. Das Modell sollte eine gewisse Klassik ausstrahlen und zeitlos sein. Denn ein guter Mantel ist nicht billig, und Sie wollen sich bestimmt nicht jedes Jahr einen neuen zulegen!

Schuhe – Qualität statt Quantität

Gehören auch Sie zu den Frauen, die mit dem »Schuhkauf-Virus« infiziert sind? Keine Angst, Sie sind in bester Gesellschaft. Da Sie genau wissen, wie viel der Schuh zu Ihrer Wirkung beiträgt, ist Ihr Faible nur allzu verständlich. Dabei hat frau es nicht leicht. Sowohl zum Rock als auch zum Kleid, zur schmalen als auch zur weiten Hose, für den Sommer und für den Winter benötigt sie das passende Modell – über die ständig wechselnden Trends brauchen wir gar nicht erst zu sprechen. Das sind alles gute Gründe, um Schuhe zu kaufen. Doch gerade in der Berufswelt ist das oberstes Gebot: Qualität statt Quantität. Zwar sollten die Schuhe nicht Blickfang sein, trotzdem müssen sie dem prüfenden ersten Blick standhalten. Denn der Schuh bestimmt das Niveau Ihres Outfits. Das bedeutet: Tragen Sie einen teuren Anzug und kombinieren dazu billige Schuhe, denkt jeder: »Der Anzug kann nichts Gescheites sein.« Umgekehrt erfährt ein Mittelklasseanzug durch teure Schuhe eine erstaunliche Aufwertung. Und nicht nur der Anzug, auch Ihre gesamte Erscheinung gewinnt. Rechnen Sie die gute Passform, das langlebige Design und die Haltbarkeit mit ein, so steht unverrückbar fest: Die Investition in Ihre Schuhe macht sich auf jeden Fall bezahlt.

War es schon in den Neunzigerjahren für Frauen Mode, »Herrenschuhe« zu tragen, so feiert dieser Trend derzeit ein Comeback. Das krasse Gegenteil, nämlich ultrafeminines Schuhwerk, hat schon lange seinen Siegeszug durch Modejournale und Schuhläden angetreten. Schließlich will heute jeder ein Star sein und sich wie auf dem roten Teppich fühlen. Selbstverständlich ziehen diese Trends nicht spurlos am Business-Schuh vorüber. Aber egal, was die Mode sagt, im Job gelten die folgenden Regeln: Die Modelle sollten weder exaltiert noch auffallend sexy sein! Auch augenfällig stark dekorierte oder bunte Schuhe sind gleichermaßen wie derbe und zu sportliche Modelle ein absolutes »No-Go«. Dagegen sind Details wie Ledersohlen ein unbedingtes »Must«.

Pumps. Der Damenschuh schlechthin. Als schlichte, geschlossene Form mit Absatz ist er der perfekte Business-Schuh. Aber

Pumps, Slingpumps

Loafer, Variante mit Spange, Schnürschuh, Stiefelette, Stiefel (von links nach rechts)

Vorsicht: Verzichten Sie auf Extreme, also keine »Stilettos«, »Sky Heels« und auffällige Plateaumodelle. Nicht extrem, aber dennoch schwierig im formellen Berufsumfeld sind »Peeptoes« – das sind Pumps, bei denen die Vorderkappe eine Öffnung für den großen Zeh ausspart. Nackte Zehen sind verpönt, und Strümpfe im Peeptoe wirken entweder spießig oder müssen sehr modisch interpretiert werden. **Slingpumps**, auch **Slingbacks** genannt, eignen sich dagegen sehr gut. Hier ist die Fersenkappe durch ein Riemchen ersetzt. Dieser feminine Schuh wirkt immer raffiniert, ob zum Kleid, zum Rock oder zur Hose.

Halbschuhe. Angelehnt an die klassischen Herrenschuhmodelle, erscheinen sie als **Loafer** – der korrektere Name für »Slipper« – oder **Schnürschuhe**. Sie sind auch heute noch oder besser gesagt gerade wieder fester Bestandteil des Business-Outfits.

Stiefeletten. Ganz gleich, ob Sie flache Modelle oder solche mit Absatz bevorzugen, die Stiefelette sieht gerade in der Übergangszeit und im Winter erstklassig zur Hose aus.

Stiefel. Diese gehören zwar nicht gerade zu den typischen Business-Schuhen, können aber dennoch, zu Rock oder Kleid kombiniert, überzeugen. Für den Stiefel gilt das gleiche wie für alle anderen Schuhe: weder zu hohe und spitze Absätze noch zu spitze Zehenkappen, andererseits aber auch keine zu sportlichen oder derben Formen. Overknees sind ein absolutes No-Go. Je formeller das Arbeitsumfeld, umso feiner sollte der Stiefel sein.

Ungeeignete Formen. Ob »Flip-Flops« oder »Sandaletten«, »Sandalen« in jeglicher Variante sind wegen ihrer offenen Form ein Tabu. Nackte Füße erinnern an Urlaub und Freizeit und haben demzufolge im Berufsalltag nichts verloren. Wenn Sie keinen Beschützerinstinkt wecken wollen, verzichten Sie auf »Ballerinas«. Diese wirken mädchenhaft und zerbrechlich. Denken Sie an die Prototypen der Ballerinaträgerin, Audrey Hepburn und Brigitte Bardot, verkörpern diese die moderne Managerin? Auch »Sneakers« sind wenig tauglich, da sie bekanntermaßen Sport- und demzufolge keine Business-Schuhe sind.

Zur Farbe. Wählen Sie Ihren Business-Schuh nicht heller als Ihre übrige Garderobe. Denn der Blick des Betrachters soll nicht an Ihren Füßen hängen bleiben. Die beste – weil am universellsten einsetzbare Farbe – ist Schwarz. Als Alternative bietet sich Dunkelbraun an. Dunkelblauer Schuh zum dunkelblauen Outfit? Der schwarze Schuh ist hier eindeutig die bessere Wahl … denn mal ehrlich: Sieht das von oben bis unten dunkelblaue Outfit nicht aus wie eine Uniform? Tragen Sie Röcke mit hautfarbenen Strumpfhosen? Dazu können beige Pumps sehr elegant aussehen. Die Schuhe haben somit die gleiche Farbe wie Ihre Beine und sind daher – obwohl hell – kein Blickfang.

Tipp:

Sie besitzen sehr viele Schuhe, verfügen jedoch nicht über das Ankleidezimmer einer Hollywood-Diva? Dann bewahren Sie die Schuhkartons auf und versehen deren Front mit einem Foto der darin verstauten Schuhe. Die Kartons lassen sich wunderbar stapeln, das mühsame »Deckellüften« entfällt.

Tipp:

Der schickste Schuh verfehlt seine Wirkung, wenn Sie damit nicht laufen können. Demnach gilt: Entweder üben – aber bitte unter Ausschluss der Öffentlichkeit – oder nur Schuhe kaufen, in denen Sie sich auf Anhieb gut bewegen können.

Tipp:

Achten Sie gerade bei Auftritten, die Ihnen unangenehm sind, auf einen sicheren Stand und darauf, dass Sie sich »geerdet« fühlen. Wackelige Knie werden durch schmale oder hohe Absätze noch verstärkt.

Ungepflegte Schuhe. Was nützen die teuersten Schuhe, wenn Sie ihnen keine angemessene Pflege zukommen lassen? Ungepflegte Schuhe strahlen Unordentlichkeit und Unzuverlässigkeit aus. Putzen Sie diese daher regelmäßig – vergessen Sie auch die Sohlenkanten nicht. Lassen Sie Ihre Schuhe nach dem Tragen mindestens 24 Stunden ruhen. Verwenden Sie Spanner, damit sie in Form bleiben. Sind die Absätze abgelaufen, suchen Sie Ihren Schuster auf. Dass es sich dabei um einen Fachmann handelt, ist selbstverständlich.

Die Schuhe sind zu billig. Ein leider weit verbreitetes Phänomen. Schuhe sind heute ein Statussymbol. Sie zeigen damit, wer Sie sind – oder auch, wer oder was Sie sein wollen. Nutzen Sie diesen Effekt! Setzen Sie auf Modelle aus bestem Leder mit ausgezeichneter Verarbeitung.

Die Schuhe sind zu flippig. Dass Ihre Schuhe Modernität signalisieren sollen, ist keine Frage. Aber müssen sie deshalb dem allerletzten Schrei entsprechen? Die Antwort: ein klares Nein. Übertrieben modische Schuhe gehören nicht in den Berufsalltag. Wählen Sie schlichte, eher klassische Modelle – dann spricht Ihr stilvoller Auftritt für sich, und Ihr Portemonnaie bedankt sich für das langlebige Design.

Der Strumpf dazu

Um es gleich vorweg zu nehmen, zum professionellen Auftritt der Managerin gehören unbedingt Strümpfe! Natürlich ist Strumpf nicht gleich Strumpf. Das merken Sie, sobald Sie sich in einer Strumpfabteilung umschauen. Beachten Sie daher folgende Hinweise, wenn Sie nach den passenden Strümpfen zu Ihrem Business-Outfit suchen.

Die Form. Sie können zur Hose der Einfachheit halber **Kniestrümpfe** statt Strumpfhosen tragen. Verzichten Sie jedoch auf Socken! Wenn das Hosenbein hoch rutscht, wird sonst das Bündchen sichtbar, und Ihr sorgfältig zusammengestelltes Outfit ist mit einem

Schlag im Eimer. Wenn Sie einen Rock tragen, ist die **Strumpfhose** natürlich unverzichtbar. Das gilt auch für längere Röcke, denn sobald Sie sich setzen und der Saum nach oben rutscht, passiert das Gleiche wie schon oben bei der Hose beschrieben. Doch nicht nur das Sitzen birgt die Gefahr, als »Kniestrumpfträgerin« entlarvt zu werden. Denn meistens haben Röcke hinten einen Schlitz, und auch der gibt den Blick auf Beine und Strümpfe frei.

Die Farbe. Wählen Sie für Ihre Strümpfe immer neutrale Töne, wie zum Beispiel »Hautfarben«, Schwarz oder Dunkelbraun. Die klassischste Variante sind hautfarbene Strümpfe – im Sommer ohnehin eine gute Wahl. Beachten Sie dabei, dass die Farbe Ihren Hautton trifft und weder zu hell noch zu dunkel ist. Absolutes Tabu sind bunte und gemusterte Strümpfe.

Tipp:

Tragen Sie dunkelblaue Kostüme? Kombinieren Sie dazu Schwarz statt Dunkelblau. Genauso wie blaue Schuhe vermitteln auch blaue Strümpfe zum gleichfarbigen Kostüm den Eindruck einer Uniform. Apropos, auch zu Grau wirken feine schwarze Strümpfe meist vorteilhafter als graue.

Das Material. Transparentes Material ist besser als blickdichtes. Es sollte weder hoch glänzend noch ganz matt sein. Verzichten Sie auf Spitzenoptik, Netz- und Nahtstrümpfe.

Tipp:

Sie haben die ultimative Strumpfhose gefunden – optimale Farbe, perfekter Sitz. Bewahren Sie das Etikett gut auf, und legen Sie sich bei nächster Gelegenheit einen Vorrat zu.

Tipp:

Laufmaschen? Das kann immer passieren. Damit Sie sich nicht für den Rest des Tages hinter Ihrem Schreibtisch verschanzen müssen, bewahren Sie Ersatzstrümpfe im Büro auf. Tauschen Sie Ihre Strümpfe aus, auch wenn sie nur Fäden gezogen haben. Denn gerade bei schwarzen Modellen wirkt das sehr ungepflegt.

Die häufigsten Fehler

Viele Frauen tragen milchige, hell glänzende Strümpfe. Oft empfinden Frauen Strümpfe in Hauttönen als zu normal und tragen zum Rock lieber perlmuttfarbig glänzende Strumpfhosen. Das ist aus zwei Gründen ungünstig: Erstens lenkt ein heller, glänzender Strumpf den Blick allzu sehr auf Ihre Beine. Zweitens machen solche Modelle die Beine unweigerlich dicker – und das ist selten gewollt.

Die wichtigste Nebensache – stilvolle Accessoires

Was macht Accessoires so unentbehrlich? Sie komplettieren und variieren Ihr Outfit, geben ihm den letzten Schliff. Dabei können Sie als Frau aus einem reichhaltigen Repertoire schöpfen. Doch gerade im Berufsleben gilt: »Garnieren« Sie mit wenigen, ausgewählten und stilvollen Einzelstücken. Achten Sie ganz besonders auf deren Qualität. Lieber ein einzelnes, schönes Stück als eine Ansammlung von billigem Tand. Nur so bekunden Sie Sicherheit in Sachen Stil.

Tücher und Schals

Auch Accessoires wie Tücher oder Schals sind Modeströmungen unterworfen. Fühlten sich Frauen in den Neunzigern ohne opulent bedrucktes Seidentuch geradezu nackt, gingen Sie in dem darauf folgenden Jahrzehnt eher verhalten damit um. Heute erleben sowohl Tücher als auch Schals ein fulminantes Comeback – und das ist auch gut so! Kennen Sie das? In Ihrem Outfit kommen Sie sich unscheinbar und langweilig vor. Was hilft? Ein bedrucktes Tuch oder ein farbiger Schal – sofort kommt Dynamik ins Spiel. Sie fühlen sich chic und somit attraktiver. Tücher und Schals sind »Eyecatcher« und können als solche Ihre Präsenz steigern.

Das Seidencarré. Noble Seidencarrés in stilvoll bedruckten Varianten sind spätestens seit den Dreißigerjahren des letzten Jahrhunderts zum Statussymbol, Sammelobjekt oder zumindest zum absoluten Klassiker avanciert. Die klassische Carréform hat eine Größe von 90 mal 90 Zentimetern. Zum Einsatz kommen Seidenqualitäten wie Satin, Crêpe de Chine, Georgette oder Chiffon. Die gebräuchlichste Variante ist allerdings der Seidentwill. Sehr reizvoll sieht das quadratische Tuch auch in plissierter Form aus. Die Wirkung ist extravaganter als bei dem konventionellen »glatten« Gegenstück. Neu und modern sind üppige Formen, die 120 mal 120 Zentimeter messen oder sogar größer sind. Hier kommt die Opulenz von Material und Muster so richtig zur Geltung. Wichtig: Die Qualität sollte geschmeidig und eher fließend sein, damit dieses Tuch keinen Outdoor-Charakter erhält.

Der Schal. Ob mit Druckdessin, Webmuster oder in der Uni-Ausführung – der Schal bietet viele Variationsmöglichkeiten. Für die Indoor-Version werden edle Qualitäten wie Seide und feine Kaschmirmischungen verarbeitet. Vorsicht bei flippigen Qualitäten wie beispielsweise gecrashter oder gehäkelter Ware. Bevorzugen Sie die hochwertige Ausstrahlung und nicht die Mode – es sei denn, Sie arbeiten in einer künstlerischen Branche.

Das Nikituch. Es ist die »kleine Schwester« des Seidencarrés und wird in unterschiedlichen Größen angeboten. In den Fünfzigern sowie Ende der Achtziger war es ein absolutes Trend-Accessoire. Allerdings lässt dieses kleine Tuch seine Trägerin niedlich und harmlos erscheinen. Hier stellt sich die Frage: Möchten Sie als Managerin diese Wirkung erzielen?

Tipp:

Sind Sie ein eher blasser Typ? Versuchen Sie nicht, dies mit Tüchern in schrillen Farben zu kompensieren. Sie erreichen nur das Gegenteil. Greifen Sie lieber zu gemäßigten, aber ausdrucksstarken Farben, die Sie in Ihrer Wirkung unterstützen und nicht erschlagen.

Schal und Tuch zum Mantel. War eben die Rede vom »Indoor-Accessoire«, so dürfen wir auch das »Outdoor-Accessoire« nicht vergessen. Denn wie Ihr Mantel, so ist auch der Schal oder das Tuch Teil des ersten Eindrucks. Also sehen Sie diese nicht nur als zweckdienliche, wärmende Elemente, sondern achten Sie auch auf deren repräsentative Wirkung. Bedienen Sie sich auch hier edler Materialien, Farben und Muster.

Stolen, Capes. Ist es mit Mantel zu warm, aber ohne zu kühl? Ein über Ihr Kostüm oder Ihren Anzug gelegtes capeverwandtes Tuch, ähnlich einer Stola, sieht sehr chic aus. Es wirkt edel, elegant und sehr italienisch.

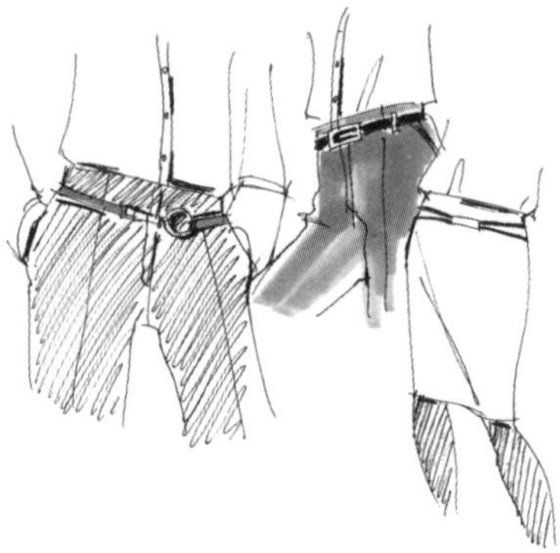

Gradliniges Design bei Business-Gürteln

Gürtel

Mit dem Gürtel »verzieren« Sie Ihre Hose. Aber Vorsicht, verzichten Sie auf allzu Dekoratives wie opulente Schmuckschließen oder aufwendige Applikationen auf dem Gürtelband. Entscheiden Sie sich für ein gradliniges Design mit Pep. Gürtel und Schuhe in derselben Farbe? Das wird längst nicht mehr so eng gesehen. Wenn Sie unsicher sind, stimmen Sie die Farben aufeinander ab. Apropos Farbe: Wählen Sie die Schließenfarbe passend zu Ihrem Schmuck.

Tipp:

Sie kaufen einen neuen Gürtel. Achten Sie auf die Länge. Diese stimmt, wenn der Gürtel auf dem mittleren Loch geschlossen wird.

Der Gürtel passt nicht zur Hosenform. Der gerade geschnittene, breite Gürtel wird in die hüftige Hose gezwungen. Was passiert? Entweder steht die obere Gürtelkante ab, oder die Hose wird zu weit nach oben gezerrt. Tragen Sie rund geschnittene Gürtel oder solche, die so schmal sind, dass sie sich der Figur angleichen.

Der Gürtel passt nicht zur Figur. Häufig greifen Frauen »ohne Taille« zum breiten Gürtel. Das Ergebnis: Sie wirken nicht gerade schlanker. »Markieren« Sie eine füllige Taille nie durch einen Gürtel. Das Gleiche gilt für breite Hüften oder einen Bauch.

Schmuck und Uhr

Der Schmuck. Von jeher schmückt sich der Mensch, um seine Attraktivität zu steigern und seinen Status zu symbolisieren. Doch Vorsicht: Schmuck kann Ihr Outfit nicht nur auf-, sondern auch abwerten. Denn nicht alles »Schmückende« ist gleichzeitig schön. Hüten Sie sich vor zu viel und zu großem Geschmeide, das wirkt schnell protzig, überladen oder als passe es eher für eine Abendgarderobe. Dagegen scheint zu mickriger Schmuck – wird er überdies in Mengen eingesetzt – wie gewollt und nicht gekonnt. Tragen Sie lieber keinen Schmuck als den falschen.

Zu auffälliger Schmuck (links)
Ohrringe: gezielt eingesetzt als Eyecatcher (rechts)

Als **Materialien** stehen Ihnen Gold, Silber, Platin, Perlen und Schmucksteine in unterschiedlichen Farben zur Verfügung. **Ohrringe** lenken die Aufmerksamkeit auf Ihr Gesicht. Doch vermeiden Sie hängende Modelle, diese haben Abendcharakter. Darüber hinaus irritieren sie Ihr Gegenüber durch das ständige Hin-und-her-Schwingen. **Ringe**, jedoch höchstens einer pro Hand, unterstreichen auf effektvolle Weise Ihre Gesten. Liebling vieler Frauen ist die **Halskette**, der Klassiker überhaupt ist die Perlenkette. Perlen strahlen Reinheit und dezenten Luxus aus, sie sind der Inbegriff weiblicher Eleganz – können aber auch konservativ wirken. **Armbänder** und **Armreifen** ergänzen die Schmuckpalette. Allerdings sind Armreifen im täglichen Gebrauch unbequem, häufig klappern sie – das ist keine gute Voraussetzung für den Job. **Broschen** und **Anstecknadeln** erscheinen bieder. Handelt es sich um figürliche Versionen wie Hampelmänner oder Clowns, untergraben sie Ihre seriöse Ausstrahlung. Wie steht es mit **Modeschmuck**? Warum nicht. Bedingung ist, dass er nicht billig aussieht. Bleibt das Thema **Haarschmuck**. Elemente, die Sie im Haar tragen, sollten funktional und geschmackvoll, jedoch ohne ausgeprägten Schmuckcharakter sein. Ein absolutes No-Go für die Managerin: **Fußkettchen** und sichtbare **Piercings**.

Tipp:
Tragen Sie keine Sets, wie zum Beispiel Ohrringe, Halskette und Ring im gleichen Design. Das wirkt ungekonnt und langweilig.

Tipp:
Wenn Sie einen kurzen Hals oder ein rundliches Gesicht haben, tragen Sie keinen »Reif«, sondern eine halblange Halskette, diese fällt V-förmig und verlängert dadurch den Hals optisch.

Die Uhr. Schmuck, Stilmittel, Statussymbol oder Kultobjekt: Als reiner Zeitanzeiger hat die Uhr nahezu ausgedient. Ob auf dem Display des Mobiltelefons oder auf dem Bildschirm des Computers, überall ist die »Zeit« verfügbar. Und doch ist dieses Accessoire unentbehrlich, denn mit Uhr am Handgelenk strahlen Sie Zuverlässigkeit und Korrektheit aus. Beschäftigen Sie sich mit Uhren? Dann wissen Sie, wie kostspielig diese sein können. Bei allem Luxus, den es gibt: Ihre Uhr sollte immer diskret aussehen, pompöse Modelle wirken unseriös. Zur **Form**: Lieben Sie runde oder eher eckige Modelle? Beides ist in Ordnung. Bevorzugen Sie Uhren, die kleiner oder solche, die größer sind? Machen Sie das von Ihrer Körperproportion und vom Zeitgeist abhängig. Gerade in puncto Größe differieren die Trends sehr stark. Bisweilen dominieren zierliche, sehr feminine Formen, dann wiederum markante Herrenmodelle. Letztlich zählt Ihre persönliche Präferenz, denn die macht Ihren Stil aus. Welche **Metallfarben** gibt es? Sie können wählen zwischen Gold, Silber oder Stahl. Gelbgold wirkt sehr edel, aber auch konventionell, Roségold dagegen extravagant. Die neutralen silber- oder stahlfarbigen Uhren strahlen Dynamik aus und sind moderne Klassiker. Für die Unentschlossenen gibt es auch noch Bicolor-Modelle. Wenn Sie sich für eine Metallfarbe entschieden haben, stimmen Sie die übrigen »Metall-Accessoires« darauf ab. Es soll ja kein buntes Durcheinander, sondern vielmehr ein Stil erkennbar sein.

Tipp:

Verzichten Sie auf farbige Zifferblätter und Zeigerdetails sowie auf buntes Leder. Das sieht zu sportlich oder zu verspielt aus. Optimal als Armband sind neutralfarbige, schlichte Leder- oder feingliedrige Metallbänder.

Brille und Sonnenbrille

Brille und Sonnenbrille sind viel mehr als reine Sehhilfe oder Sonnenschutz für die Augen. Als modernes Stilelement sind sie Ausdruck Ihrer Persönlichkeit.

Die Brille. Eine Brille verändert die gesamte Optik. Ein rundes Gesicht wird durch ein eckiges Modell markanter, ein kantiges durch eine abgerundete Form weicher. Sieht jemand »harmlos« aus, wirkt eine ausdrucksstarke Brille wahre Wunder. Doch beherzigen Sie eines: Vermeiden Sie »ausgefallene Kreationen«. Denn höchstwahrscheinlich wären der Optiker und Sie die Einzigen, die die Brille in Fahrradform witzig fänden. Verzichten Sie überhaupt auf Extreme. Entscheiden Sie sich lieber für moderne Klassiker, das heißt klassische Formen in zeitgemäßer Interpretation. Und achten Sie ganz besonders auf die Größe, sonst sehen Sie sehr schnell »wie von gestern« aus. Als Material stehen Ihnen Kunststoffe in vielen Varianten und Farben zur Verfügung. Natürliche Werkstoffe wie Horn sehen sehr exklusiv aus. Metallgestelle sind Klassiker – doch Achtung: Gold wirkt sehr schnell bieder. Sie mögen es dezent? Dann greifen Sie zu rahmenlosen Modellen.

Tipp:
Lassen Sie sich ausreichend Zeit für die Wahl Ihrer neuen Brille. Spielt der Optiker mit, nehmen Sie mehrere Modelle zum Probieren mit nach Hause. Denken Sie immer daran: Eine Brille kann Ihre Persönlichkeit perfekt in Szene setzen, genauso kann sie aber auch ein absoluter Störfaktor sein – für Sie selbst und für den Betrachter.

Die Sonnenbrille. Für Form und Größe gilt natürlich das Gleiche wie bei der Korrektionsbrille. In puncto Mode können Sie hier ruhig mutiger sein. Sie tragen geschliffene Gläser? Entscheiden Sie sich für zeitlose Modelle. Ständig mit der Mode zu gehen, wird schnell kostspielig.

Die häufigsten Fehler

Brille und Schmuck zusammen. Viele Brillenträgerinnen denken nicht daran, dass auch eine Brille ein Schmuck-Accessoire ist und legen zusätzlich Ohrringe, Kette und Haarreif an. Es gilt: Seien Sie als Brillenträgerin im Bereich »Gesicht und Hals« zurückhaltend mit sonstigem Schmuck.

Die Sonnenbrille dient als Haarreif. Denken Sie daran: Ihre Sonnenbrille ist kein Haarreif. Natürlich können Sie diese – je nach Situation – auch einmal in die Haare schieben, allerdings sollte sie nicht zum festen Bestandteil Ihrer Frisur werden.

Die Sonnenbrille wird im Raum getragen. Ein sonniger Tag, die beste Gelegenheit, um Ihre neue Sonnenbrille zu präsentieren. Doch sobald Sie einen Raum betreten, legen Sie Ihre Brille ab. Was bei Popstars cool aussieht, wirkt bei Normalsterblichen lächerlich. Es sei denn, Sie haben ein medizinisches Problem mit den Augen. Deshalb: Tragen Sie Ihre Sonnenbrille, wie es der Name schon sagt, nur in der Sonne.

Zu viel des Guten

Tasche, Planer, Schreibgerät

Die Tasche. Was hat frau nicht alles mit sich herumzutragen – wen wundert es da, wenn sie mit nur einer Tasche nicht auskommt? Verwenden Sie in diesem Fall eine Handtasche für Ihre privaten Gegenstände und eine »Aktentasche« für die geschäftlichen – beide abgestimmt auf Ihre Körpergröße und zueinander passend, das heißt beide dunkelbraun oder beide schwarz. Sollte die Tasche zum Schuh passen? Sie kann, muss aber nicht. Tragen Sie beispielsweise schwarze Schuhe, können Sie dazu durchaus eine dunkelbraune Tasche kombinieren. Und das Material? Selbstverständlich Leder. Gute Taschen sind teuer, doch der Preis macht sich bezahlt. Von der Haltbarkeit einmal abgesehen, werden Sie edles Material und anspruchsvolles Design immer wieder aufs Neue begeistern.

Planer und Schreibgerät. Die teuerste Tasche nützt nichts, wenn Ihr Kalender ein Werbegeschenk ist und Ihr Kugelschreiber aus Plastik. Ein edler, zur Tasche passender Lederplaner und ein schöner Kugelschreiber halten unter Umständen »ein Leben lang«. Die Patina, die der Planer im Laufe der Zeit bekommt, verleiht ihm Persönlichkeit. Doch das heißt nicht, dass er verschlissen aussieht. Ist das der Fall, muss unbedingt ein neuer her.

Was Stoffe kommunizieren

Stoffe kommunizieren? In der Tat, Stoffe senden Botschaften aus. Ihre Kleidung wirkt nicht nur über Schnitt, Verarbeitung und Modegrad, sondern auch über die eingesetzte Ware. Lässt der Stoff zu wünschen übrig, erzielt auch das perfekt geschnittene Kostüm wenig Wirkung. Achten Sie daher auf Beschaffenheit, Musterung und Zusammensetzung des Materials.

Beschaffenheit

Wählen Sie Stoffe, deren »modische Halbwertszeit« länger als eine Saison währt. Sie demonstrieren damit Wertbeständigkeit und signalisieren: »Ex und hopp« ist nicht Ihr Ding, weder bei der Kleidung noch bei Ihrer Arbeit. Praktischer Zusatznutzen: Auf lange Sicht sparen Sie bares Geld.

Glatte, feine Gewebe und Gewirke wirken kompetenter als **grobe** Waren. Weshalb? Feine Garne sind edler und teurer als ihre groben Artgenossen. Edel heißt hochwertig … und das steht bekanntermaßen für Kompetenz. Außerdem muten derbe Qualitäten rustikal und sportlich an, haben daher Freizeitcharakter. Ungeeignet sind auch grob gewebte Tweedstoffe, wie sie beispielsweise für taillierte Jäckchen eingesetzt werden. Zwar sehen diese eher elegant als rustikal aus, doch leider haben sie einen entscheidenden Nachteil: ihre unruhige Optik. Der Blick des Betrachters verfängt sich förmlich in dem Gewirr von Fäden und Farben. Keine gute Voraussetzung für ein Geschäftsgespräch.

Wegen ihrer abendlichen Anmutung haben **hochglänzende**, **taftige** und **samtige** Stoffe nichts im Berufsalltag verloren. Dagegen sind Qualitäten mit »sanftem Lüster« besonders gut geeignet. Sie erscheinen wertvoller als stumpfe, matte Waren. Verzichten Sie auf sehr **fließende** oder extrem **starre** Warentypen. Diese wirken exaltiert und das ist im Berufsalltag unangemessen. Wie sieht es mit **Knitter**- und **Crashlook** aus? Diese Frage beantwortet sich fast von alleine. Knittriges wirkt ungebügelt, und Ungebügeltes strahlt Unordentlichkeit aus. Der Slogan »Leinen knittert edel« hat deshalb im Beruf keine Relevanz.

**Knitterlook wirkt unordentlich (links).
Glatte Stoffe strahlen Korrektheit aus (rechts).**

Lack, **Transparentes** oder auch **Spitze** senden erotische Signale. Wer damit lockt, wird als inkompetent und unseriös eingestuft. Bleibt noch **Leder**: Wegen seines sportlichen Looks hat es im formellen Business nichts zu suchen.

Muster

Was für die Beschaffenheit der Stoffe gilt, hat auch für die Muster Gültigkeit: Je feiner, umso kompetenter die Ausstrahlung. **Drucke** oder große, kontrastierende **Muster** wirken verspielt oder nicht seriös. Setzen Sie Drucke deshalb nur bei Tüchern ein, oder allenfalls als Bluse. Achten Sie dann jedoch auf deren edles Erscheinungsbild. Generell gilt für Muster jedweder Art: Je größer, umso »toniger« in der Farbigkeit. Sehr gut für den Job sind **Nadelstreifen**. Diese symbolisieren – wen wundert es – Gradlinigkeit und Korrektheit. Optimal ist **Uni**, denn gerade im Beruf gilt: Uni ist das beste Muster!

Tipp:
Ihr Schrank hängt voll mit Unis, Nadelstreifen besitzen Sie auch. Eine Alternative für Anzug oder Kostüm bieten Minimaldessins, das sind kleine Musterungen, die kaum als solche zu erkennen sind und dennoch für »Optik« sorgen.

Material

Für Anzug und Kostüm bestens geeignet sind **leichte**, **knitterarme** Qualitäten mit **Ganzjahrescharakter**. Optimal ist feine Schurwolle, pur oder in Mischung, zum Beispiel mit Seide oder Baumwolle. Großen Komfort bietet die Beimischung von elastischen Fasern. Im Hochsommer können Sie alternativ zu Seiden- und Baumwollmischungen greifen. Kleiner Wermutstropfen: Diese Waren knittern eher als Wolle.

Tonangebend – die Kraft der Farbe

Wenn Sie sich mit Farbe als nonverbalem Kommunikationsmittel befassen, beziehen Sie drei unterschiedliche Aspekte mit ein. Erstens, wie funktioniert das Zusammenspiel zwischen der Farbe der Kleidung und Ihrer persönlichen Farbigkeit? Zweitens, wie wirken Farben ganz allgemein? Und drittens, auf welche Weise nutzen Sie Farbe, um Ihre Kompetenzausstrahlung zu steigern?

Persönliche Farbigkeit

Nicht nur jedes Ihrer Kleidungsstücke ist farbig, auch Sie selbst strahlen Ihre »persönliche Farbigkeit« aus, und zwar über Ihre Pigmentierung. Gemeint ist die Farbe der Haut, der Haare und der Augen. Diese beeinflusst in hohem Maße, welche Töne Ihnen besonders gut stehen – entscheidend dabei ist, wie hell oder dunkel, wie warm oder kalt die Pigmentierung ist. Den Unterschied zwischen hell und dunkel kennen Sie natürlich, was die Begriffe warm und kalt in Bezug auf unsere Pigmentierung bedeuten, zeigt Ihnen die folgende Erklärung: Warm heißt, Haut, Augen und Haare haben einen gelblichen oder goldenen Unterton. Kalt bedeutet, aschfarbene Haare, bläulicher Grundton der Haut, die Augen sind grau bis blau. Entsprechend dieser Merkmale unterscheiden wir diverse Farbtypen. Diese sind entweder den oben genannten Kriterien eindeutig zuzuordnen oder es handelt sich um Mischtypen.

Dazu zwei Beispiele: Zum einen der »nordische Typ« mit eindeutig heller und kalter Pigmentierung, zum anderen der »südländische« mit dunkler Pigmentierung, die weder eindeutig warm noch eindeutig kalt ist – das zeigt sich beispielsweise an den Haaren, sie sind nicht kalt schwarz, aber auch nicht goldbraun. Ist es nicht plausibel, dass diese extrem ungleichen Farbtypen ebenso unterschiedliche Farben in ihrer Kleidung benötigen, um optimal zur Geltung zu kommen? Während der südländische Typ in intensiven, satten Tönen wie Schwarz, Mokka, Petrol und Barolo äußerst attraktiv wirkt, erstrahlt der nordische Typ in kühlen Farben wie Grau, Bleu, Flieder und Rosé.

Farbwirkung

Farben senden Botschaften an unser Unterbewusstsein. Wir sehen sie nicht nur, wir *empfinden* sie auch. Dabei assoziieren wir unterschiedliche Farben mit unterschiedlichen Bedeutungen. In Bezug auf Kleidung heißt das:

Weiß. In der westlichen Kultur ist Weiß die Farbe der Reinheit und der Unschuld. Weiß strahlt Leichtigkeit und Frische aus. Es verstärkt die Farben, mit denen es kombiniert wird.

Grau. Grau erzeugt eine seriöse, sachliche und neutrale Wirkung. Grau »neutralisiert« kräftige Farben.

Schwarz. Schwarz symbolisiert Mystik, Stärke, Kreativität und Modernität, gleichzeitig strahlt es Distanz aus. In der westlichen Kultur ist es auch die Farbe der Trauer. Schwarz verstärkt die Farben, mit denen es kombiniert wird.

Blau. Die Farbe der Klassik. Es vermittelt Vertrauenswürdigkeit, Korrektheit und Zuverlässigkeit, wirkt seriös und sympathisch und selbst in den dunkelsten Varianten nicht so distanziert wie Schwarz.

Braun. Die Farbe der »Mutter Erde«, bodenständig und empathisch. Eine verlässliche, aber eher unauffällige Farbe. Braun wirkt weniger formell als das festliche Schwarz.

Rosa. Rosa ist das kindliche, unschuldige Rot. Es wirkt feminin, zart, harmlos und süß.

Violett und Lila. Wie Rosa sind es sehr feminine Farben. Violett und Lila wirken jedoch selbstbewusster und extravaganter.

Grün. Die Farbe der Natur und des beginnenden Lebens, symbolisiert Lebendigkeit und Ausgeglichenheit.

Gelb. Die Farbe der Sonne und des Lichts, steht für Optimismus und Lebensfreude. Doch Vorsicht, Gelb steht nur wenigen Menschen gut.

Orange. Eine dynamische, lustige Farbe, wird jedoch häufig mit Billigem und Aufdringlichem gleichgesetzt. Wenn Orange nicht zum Typ passt, kommt sehr schnell die Negativwirkung zum Tragen.

Rot. Rot ist eine sehr ambivalente Farbe. Einerseits ist es die Farbe des Blutes, daher Synonym für Vitalität, Leben und Kraft. Auch Liebe und Erotik sind »rot«. Andererseits steht Rot auch für Hass, Aggression und Gefahr.

Kompetenzausstrahlung

Wie Farben wirken, ist eine Sache, was Sie im Beruf damit *be*wirken, eine andere. Deshalb beleuchten wir: Welche Farben sind im Business tonangebend, was signalisieren sie, und wie setzten Sie diese bewusst ein?

Business-Farben. Wir beginnen mit den **Basisfarben** für Kostüm oder Anzug. Wegen der seriösen Wirkung steht Grau an erster Stelle. Gerade in dunklen Nuancen hat es einen hohen Kompetenzfaktor. Sein großer Vorteil: Es lässt sich ausgezeichnet kombinieren, sowohl mit pastellfarbenen als auch mit satten Tönen.

Eine Alternative ist Dunkelblau. Wie bereits erwähnt, steht Blau für Vertrauenswürdigkeit. Mit einem Business-Anzug in dieser Farbe sind Sie immer gut beraten. Dunkelblau und Grau werden häufig als »nicht gerade aufregend« empfunden. Dabei sehen Sie in den entsprechenden Waren äußerst nobel aus. Nicht ganz so einfach ist der Umgang mit Schwarz. Auf viele wirkt es unnahbar oder dominant. Dennoch ist Schwarz fester Bestandteil der weiblichen Business-Mode. Aber Vorsicht, als dunkelste aller Farben tritt es optisch in den Hintergrund. Tragen Sie alles in Schwarz – nicht nur Anzug oder Kostüm, sondern auch Top oder Bluse – nehmen Sie sich möglicherweise zu stark zurück. Sind Sie in einer künstlerischen Branche tätig, ist das »kreative« Schwarz unverzichtbar. Ein dunkles, kühleres Braun steht erstaunlich vielen Menschen gut und lässt sich hervorragend mit kräftigen Farben kombinieren. Es mildert sie, ohne ihnen Kraft zu nehmen. Braun wirkt weniger distanziert als die kühleren

Farben Grau, Dunkelblau und Schwarz. Für Unterziehteile, sprich Blusen und Shirts, gehören Weiß und Off-White – das ist ein gebrochenes Weiß – zu den Basics. Weiß als hellste Farbe setzt einen starken Kontrast, dieser kann durch Off-White oder Ecru gemildert werden. Weniger formell als Weiß, aber dennoch kompetent wirken Rosé und das luftige und frische Hellblau. Wenn Sie Ihr Outfit beleben möchten, bedienen Sie sich der **Akzentfarben**, wie zum Beispiel Grün, Lila oder Rot. Lebendig heißt jedoch nicht laut! »Schreiende« Farben haben im Berufsleben nichts verloren. Schließlich soll Ihrem Geschäftspartner nicht Ihre Kleidung, sondern Ihre Persönlichkeit in Erinnerung bleiben. Wo können Sie farbliche Akzente setzen? Bei Blusen, Strick oder Tops und bei Accessoires wie Tüchern oder Schals. Natürlich auch bei Schmuck. Schmucksteine in edler Farbigkeit können durchaus Präsenz verstärkend sein. Tragen Sie eine Brille? Auch hier können Sie mit Farben spielen – dann allerdings mit dunklen Tönen wie zum Beispiel Oliv und Bordeaux.

Tipp:
Geht es formell zu, so entscheiden Sie sich für eine Bluse in den klassischen Farben Weiß, Bleu oder Rosé.

Tipp:
Der Anlass ist weniger formell und Sie entscheiden sich für eine Kombination. Selbstverständlich können Sie beim Blazer zu einer Akzentfarbe greifen. Doch eine Regel bleibt: Seien Sie zurückhaltend in der Wahl des Farbtons. Ein quietschgelber Blazer im Business-Umfeld ist einfach fehl am Platz.

Dunkel oder Hell? Vor Ihnen liegt ein wichtiger Geschäftstermin. Zur Auswahl stehen ein anthrazitfarbenes oder ein silbergraues Kostüm. Für welches entscheiden Sie sich? Greifen Sie zu dem dunklen. Das helle Kostüm wirkt weniger kraftvoll. Das dunkle dagegen »energischer«, hat eine seriöse und vor allem formelle Ausstrahlung. Und damit unterstreichen Sie bekanntlich Ihre Kompetenz.

Tipp:

»Alles Helle tritt hervor, alles Dunkle tritt zurück«. Das ist auch der Grund, weshalb Ihre Schuhe nie heller sein sollten als die übrige Kleidung. Sonst schaut jeder auf Ihre Füße und nicht in Ihr Gesicht.

Kontrast oder Ton in Ton? Kennen Sie Menschen, die »beige« aussehen? Keine ausgeprägte Pigmentierung, die Kleidung Ton in Ton. Alles »verschwimmt« ineinander – fast wie bei einem Tarnlook. Das Auge des Betrachters findet keinen Punkt, an dem es hängen bleibt. Menschen, die »unsichtbar« wirken, müssen sich besonders anstrengen, um Aufmerksamkeit zu erringen. Generell gilt: Hell-Dunkel-Kontraste machen »sichtbar« und steigern die Präsenz. Beherzigen Sie dabei folgende Regel: dunkle Farben für die »Großteile«, helle für Bluse oder Top. Erfordert die Situation ein weniger »dominantes« Auftreten, arbeiten Sie mit abgeschwächten Kontrasten, indem Sie beispielsweise die weiße Bluse durch eine roséfarbige ersetzen.

Ton in Ton macht »unsichtbar« (links)
Kontraste steigern die Präsenz (rechts)

Tipp:

Sie fühlen sich müde und schlapp? Verleihen Sie sich durch ein kontrastreiches Outfit mehr Dynamik. Schon wenn Sie in den Spiegel schauen, fühlen Sie sich fitter.

Kalt oder warm? Kalte Farben wirken distanzierter, warme dagegen empathischer. Auf Ihr Berufsleben übersetzt, heißt das: Ist Einfühlsamkeit gefragt, kann der wärmere Farbton von Vorteil sein. Steht die Sachebene im Vordergrund, wird der kühlere eher dem Anlass gerecht.

Rot mit Schwarz

Eine Unternehmensberaterin schwärmt: »Die rote Bluse zum schwarzen Anzug, das ist mein Lieblings-Outfit!« Die Kundin ist ein eher heller Farbtyp. Als sie in besagtem Outfit vor dem Spiegel steht, frage ich sie, wie sie sich wahrnimmt. »Ich finde, eine solche Farbkombination verleiht mir einfach mehr Pep.«

Einzeln sind beide Töne absolut in Ordnung, aber was bewirken sie in Kombination? Das Rot wird noch greller durch das Schwarz des Anzugs – es wirkt geradezu aggressiv. Und was passiert mit der Kundin? Anzug und Bluse sind so dominant, dass man sie kaum mehr wahrnimmt. Sie wird durch ihre Kleidung nicht gestützt, sondern »erschlagen«. Mein Vorschlag: »Kombinieren Sie zur roten Bluse einen mokkafarbenen Anzug. Die aggressive Wirkung verschwindet sofort, und auch mit dem dunklen Braunton sind Sie absolut präsent.«

Basics für Sie

Stellen Sie sich vor, Sie strukturieren Ihre Business-Garderobe neu oder überdenken die bereits vorhandene. Was brauchen Sie in erster Linie? Gut kombinierbare, neutrale Teile – die sogenannten Basics. Besondere Stücke können Sie später ergänzen. Gehen Sie davon aus, dass Sie unterschiedliche Outfits für mindestens fünf aufeinander folgende Tage benötigen. Ob Sie nun Kostüme oder Anzüge präferieren, hängt von Ihren Vorlieben und dem Dresscode Ihrer Firma ab. Entscheiden Sie sich für beides, macht sich das vor allem bei der Anzahl der benötigten Schuhmodelle bemerkbar. Die Menge der Tops und Blusen ist wiederum abhängig von Ihren individuellen Gepflogenheiten: Waschen Sie selbst, oder erledigt das die Reinigung? Lassen Sie waschen, sind Sie an Fremdabläufe gebunden.

Planen Sie daher sicherheitshalber Teile für zwei Wochen ein, auf diese Weise entstehen keine Engpässe.

Die Basics im Überblick

Anzüge/Kostüme:

- ein Anzug/Kostüm in Schwarz für formelle Termine und Anlässe
- zwei Anzüge/Kostüme in Mittel- bis Dunkelgrau
- ein bis zwei Anzüge/Kostüme in Dunkelblau und/oder kühlem Braun, je nach Gusto und Typ
- Orientieren Sie sich an Ganzjahresqualitäten aus feiner Wolle oder Wollmischungen.

Bluse/Top:

- schlichte weiße Hemdblusen aus Baumwollpopeline – mit oder ohne Elasthan
- farbige Tops und Blusen je nach Typ

Mantel:

- ein dunkler Wollmantel, beispielsweise in Dunkelgrau
- ein heller oder dunkler »Wettermantel« für den Übergang

Schuhe:

- zwei Paar Pumps zu Rock und/oder Hose
- ein Paar Slingpumps, als sommerliche Variante
- ein Paar flache Schnürschuhe oder Loafer zur Hose
- ein Paar Stiefeletten zur Hose, für Übergang und Winter
- Die Basisfarbe ist Schwarz, sie passt zu allen oben genannten Farben.

Accessoires:

- schwarze Ledergürtel (Schuhfarbe!) passend zu den Hosen und/oder Röcken

- Nylon-Kniestrümpfe zur Hose, Strumpfhosen zum Kostüm – hell und/oder dunkel

Klein aber fein

… so sollte Ihre Business-Kollektion aussehen. Mit wenigen Teilen können Sie möglichst viele Kombinationen zusammenstellen, alles ist untereinander kompatibel. Um einen guten Überblick zu haben, hängen Sie die Business-Garderobe separiert von den »Privatteilen«. Kaufen Sie neue Teile, so überlegen Sie, ob diese zu Ihrer Grundgarderobe passen. Ist das nicht der Fall, stellen Sie den Kauf zurück. Nur so bleibt Ihr Sortiment überschaubar.

Tipp:
Hängen Sie alle Teile, die »repariert« werden müssen, separat. So geraten Sie nicht in morgendlichen Stress, weil Sie – schon fertig angezogen – feststellen, dass ein Knopf an der Jacke oder an der Bluse fehlt.

Kaschieren und Kompensieren

Bei der Figur spielt die Körperproportion, das heißt das Verhältnis in dem die einzelnen Körperpartien zueinander stehen, eine entscheidende Rolle. Um Ihre eigene Proportion besser einschätzen zu können, sollten Sie folgendes Grundprinzip kennen: Egal, ob ein Mensch groß oder klein ist, besteht dann eine ideale Längenproportion, wenn sich der gesamte Körper sieben bis acht Mal in die Kopfhöhe einteilen lässt und dadurch an den folgenden Stellen untergliedert wird: unterhalb des Kinns, auf Brust-, Taillen- und Schritthöhe, auf dem halben Oberschenkel, unterhalb des Knies, auf dem halben Unterschenkel und unter dem Fuß. Die Linie auf Schritthöhe bildet die »Mitte« des Körpers.

Doch, wie Sie wissen, stimmen Ideal und Realität selten überein. So manche Frau beklagt sich über ihren zu langen Oberkörper oder stört sich an zu kurzen Beinen. Und auch Weitenmaße sind nicht immer stimmig. Zum Beispiel können die Hüften im Verhältnis zur sonst schlanken Figur zu breit sein.

Im Zusammenhang mit diesen oder ähnlichen Malaisen sprechen viele Frauen von sogenannten »Problemzonen«. Bisweilen stören diese nicht nur das persönliche Wohlgefühl, sie können auch den Kleiderkauf gründlich vermiesen. Doch Sie haben die Möglichkeit, gegenzusteuern, und zwar durch Kaschieren und Kompensieren. Um das zu veranschaulichen, nehmen wir die folgenden fünf Figurtypen genauer unter die Lupe:

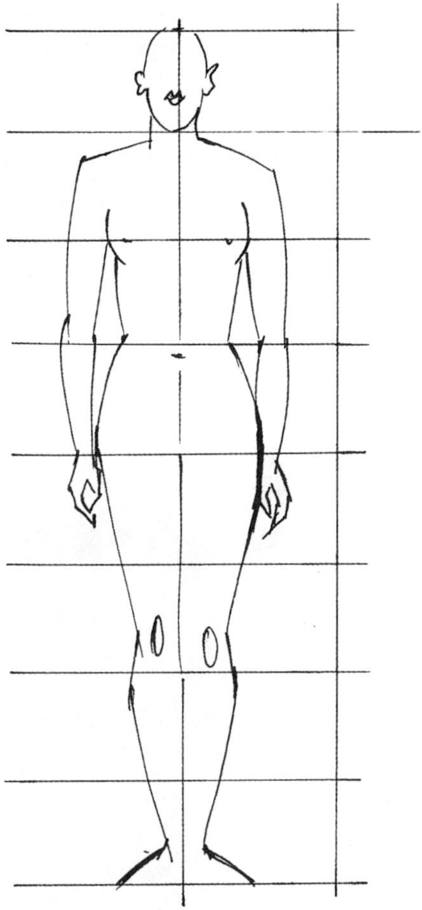

Ideale Längenproportion

- Fülliger Rumpf
- Breite Hüften
- Üppiger Busen
- Kurzer Oberkörper, lange Beine
- Langer Oberkörper, kurze Beine

Beachten Sie dabei diese vier Grundregeln:

1. Seien Sie wohlwollend sich selbst gegenüber. Akzeptieren Sie, was Sie nicht ändern können, und machen Sie das Beste daraus, indem Sie Regel zwei bis vier beherzigen.

2. Betonen Sie die Vertikale, auch »Längsachse« genannt, wenn Sie Ihren Körper optisch strecken möchten. Unterstreichen Sie dagegen die Horizontale, wenn Sie Ihren Körper optisch verkürzen möchten.
3. Akzentuieren Sie Körperpartien, die Sie als problematisch empfinden, weder durch Farbe oder Form, noch durch Schnittdetails.
4. Gleichen Sie »Rundes« aus, indem Sie »Eckiges« hinzufügen, das können Details und Schnittführungen sein.

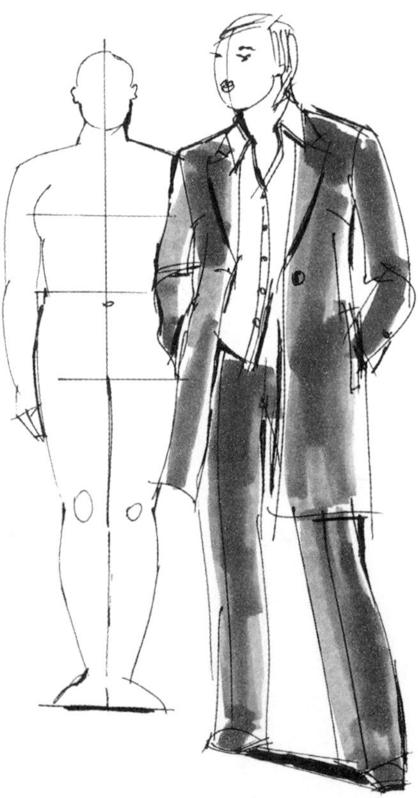

Fülliger Rumpf: Betonung der »Längsachse«

Fülliger Rumpf. Vermeiden Sie grundsätzlich Kleidung im Großraumformat, denn diese lässt Sie kräftiger erscheinen. Besser ist eine Ihrer Figur angemessene, schlanke Linie. Betonen Sie die »Längsachse«. Bedienen Sie sich dazu folgender Stilmittel: Ein- statt Zweireiher, längere Jackenformen, längsbetonte Nahtführungen und Taschen, gleiche Farbigkeit von Ober- und Unterteil, gerade geschnittene Hosen mit Bügelfalte. Falls Sie einen Rock tragen, passen Sie Strumpf- und Schuhfarbe diesem an, auch das verlängert optisch. Überdies sind Blusen figurgünstiger als Tops. Warum? Die Knopfleiste »unterteilt« den Körper in Längsrichtung, und der offene Kragen wirkt wie ein V-Ausschnitt, das streckt. Als fülliger Mensch sind Sie rundlich gebaut. Denken Sie deshalb an Grundregel Nummer vier: Optimal sind Jacken mit leicht unterpolsterter, eckiger Schulter. Verzichten Sie umgekehrt auf runde Taschen-, Revers- oder Kragenformen. Auch für Ihre Schuhe gilt: Tragen Sie Modelle, die nicht rund, aber auch nicht zu spitz sind.

Tipp:

Entscheiden Sie sich für Stoffe, die weder zu fließend noch zu starr sind. Zu Fließendes malt Pölsterchen ab, zu Starres macht die Figur fülliger.

Breite Hüften. Die Kunst liegt darin, die Hüften zu kaschieren und den Blick nach oben zu lenken. Akzentuieren Sie dazu die obere Körperpartie, und zwar durch betonte Schultern, Taschen in Brusthöhe und Tücher oder Schals im Blusen- oder Blazerausschnitt. Kaschieren Sie Ihre »kritische Zone« durch schlanke, längere Jackenformen mit längs eingearbeiteten Nahttaschen. Ergänzen Sie diese Jacken durch gerade geschnittene Hosen mit Bügelfalte, denn auch diese lassen die Hüften schlanker erscheinen.

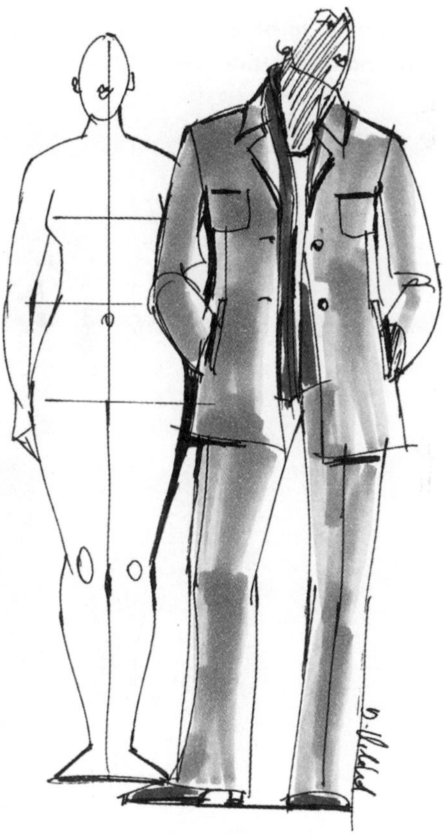

Breite Hüften: Den Blick nach oben lenken

Tipp:

Sind Ihre Schultern sehr schmal und abfallend? Legen Sie Ihr besonderes Augenmerk darauf, diese zu »begradigen« und zu verbreitern. Vermeiden Sie Raglanärmel. Diese lassen Ihre Schultern noch abfallender erscheinen, das wiederum betont die Hüften.

Üppiger Busen. Der leicht taillierte Blazer gleicht zuviel Busen aus. Er nimmt dem Oberkörper das Schwere. Gerade Formen wirken hier kastig. Vermeiden Sie Taschen im Brustbereich. Sie betonen die Fülle, statt sie zu kaschieren. Blusen sind besser als T-Shirts. Warum? Wie bereits erwähnt, unterteilt die Knopfleiste in Längsrichtung, der Effekt: ein schlankeres Erscheinungsbild.

Üppiger Busen: Der leicht taillierte Blazer nimmt dem Oberkörper das Schwere

Zu weite Bluse

Eine Geschäftsführerin kommt zur Beratung. In ihrer Bluse fühlt sie sich unwohl, kann jedoch nicht konkretisieren, woran das liegt. Ihre Längenproportion ist ausgeglichen, auffallend sind die üppige Oberweite und die schmale Taille. »Warum tragen Sie eigentlich eine so weit geschnittene Bluse?«, frage ich, worauf sie antwortet: »Ich möchte meine Oberweite kaschieren, die ist ziemlich üppig.« Doch das gelingt ihr nicht wirklich. Da die Weite der Bluse durch das Hosenbündchen zusammengefasst wird, bauscht sich die Fülle des Stoffes in der schmalen Taille. Das macht den Oberkörper kompakt, er wirkt kurz und schwer.

Ich kann gut verstehen, dass sie gerade im Berufsleben den Busen nicht betonen möchte. Dennoch empfehle ich ihr schlankere Formen und dazu Hosen, die leicht »hüftig« geschnitten sind. Sie gibt auf diese Weise ihrem Oberkörper mehr Länge, das Verhältnis von Oberweite zu Taille entspannt sich. Diesen Effekt demonstriere ich ihr, indem ich bei der Bluse die überflüssige Weite abstecke und das Hosenbündchen nach unten schiebe. Das Ergebnis verblüfft sie: »Ich habe immer gedacht, dass eine schlank geschnittene Bluse meinen Busen zu stark betont. Jetzt bin ich ganz erstaunt, wie vorteilhaft das aussieht.«

Kurzer Oberkörper, lange Beine. Längere taillierte Jackenformen und hüftig sitzende Hosen kompensieren einen kurzen Oberkörper. Vermeiden Sie in jedem Fall das Markieren der Taillenhöhe, beispielsweise durch breite Gürtel. Optimal für zu lange Beine sind weiter geschnittene Hosen. Auch Saumumschläge und flache Schuhe verkürzen optisch und sorgen so für eine ausgeglichene Körperproportion.

Langer Oberkörper, kurze Beine. Das Prinzip besteht darin, den Oberköper zu unterteilen und die Beine zu strecken. Günstig für die obere Körperpartie ist die horizontale Unterbrechung. Diese erreichen Sie durch kürzere Jacken oder querbetonte Nähte und Taschen. Und was macht kurze Beine länger? Hosen mit schmalem Schnitt und Bügelfalte, Taillen- statt Hüftbetonung und Schuhe mit Absatz.

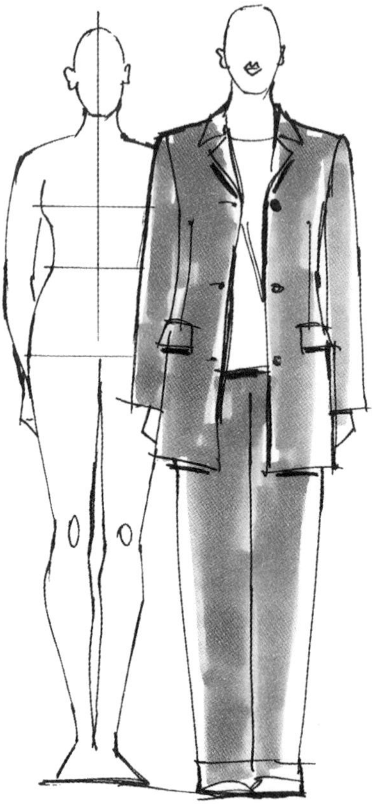

Kurzer Oberkörper, lange Beine: Die lange Jacke streckt den Oberkörper

Langer Oberkörper, kurze Beine: Die kurze Jacke mit Querbetonung verkürzt den Oberkörper

Tipp:

Sind Sie insgesamt sehr klein? Dann achten Sie besonders auf passende Jacken-, Ärmel- und Hosenlängen. Sind diese zu lang, wirken Sie darin verloren und dadurch noch kleiner.

Frisur gibt Kontur

Haare symbolisieren Gesundheit, Kraft, Vitalität und Erotik. Sie dienen als Schmuck, vor allem aber sind sie ein eminent wichtiges Gestaltungselement der Selbstinszenierung. Damit bekunden wir – bewusst oder unbewusst – wie wir uns sehen oder gesehen werden wollen, welchen Gruppen wir uns zugehörig fühlen und welche soziale Stellung wir innehaben. So signalisiert eine Punkerin beispielsweise durch ihren bunt gefärbten Irokesenkamm Rebellion und Nicht-angepasst-Sein. Dagegen offenbaren Frauen, welche die Frisuren von Popstars imitieren, dass sie an deren Glamour partizipieren möchten.

An den Haaren ist auch die psychische und physische Befindlichkeit abzulesen. Das reicht von körperlichen und seelischen Krankheiten bis hin zur schlechten Tagesform. Die Haare sind Indikator für unsere Gemütslage. Kennen Sie das Phänomen? Sie frisieren sich wie jeden Tag, doch nichts gelingt. Die Rede ist vom sogenannten »bad hair day«. Ein Kreislauf entsteht, denn durch die schlecht sitzende Frisur fühlen Sie sich nicht nur unattraktiver, sondern auch angreifbarer – Ihre Stimmung nähert sich dem Nullpunkt.

Haare als Gestaltungselement. Kaum eine Frau ist mit ihren naturgegebenen Haaren zufrieden. Entweder sind sie zu hell oder zu dunkel, zu glatt oder zu kraus. Es wird getönt, gefärbt, gesträhnt. Nahezu alle Farben sind möglich, der individuellen Darstellung sind kaum Grenzen gesetzt. Auch mit der natürlichen Struktur der Haare muss sich niemand mehr abfinden. Aus glatten Haaren werden Locken oder umgekehrt – und das, ohne sich dauerhaft festlegen zu müssen. Haben die Haare nicht genug Fülle? Mit Hilfe einklebbarer Strähnchen kann auch dieses Problem gelöst werden. Die Beispiele verdeutlichen, wie entscheidend Haare für die persönliche Inszenierung sind. Ihr enormer Stellenwert wird noch offensichtlicher, rechnet man die Zeit und das Geld mit ein, die in Pflege und Gestaltung investiert werden.

Tipp:
Strähnchen verleihen einer undefinierbaren Haarfarbe mehr Brillanz. Wie ein Streifenhörnchen sollten Sie allerdings nicht damit aussehen. Entscheiden Sie sich lieber für Strähnchen, die fein nuanciert sind und sich harmonisch mit dem Grundton verbinden. Wenden Sie sich immer an eine kompetente Fachkraft.

Wovon ist Ihre Frisur abhängig? Faktoren, die die Frisur beeinflussen, sind erstens Haarstruktur und -fülle und zweitens Körper- und Gesichtsform. Dem ersten Punkt sind ganze Frisurenmagazine gewidmet, davon abgesehen ist ein kompetenter Friseur immer der richtige Ansprechpartner.

Zum Aspekt Körper- und Gesichtsform sollten Sie ein paar Grundregeln beachten. Sind Sie groß und schlank, haben Sie alle Möglichkeiten – kurz oder lang, glatt oder lockig, das obliegt Ihrem persönlichen Geschmack. Sind Sie dagegen klein oder füllig, verzichten Sie auf voluminöse und zu lange Haare. Beides lässt Sie noch kleiner und gedrungener erscheinen. Haben Sie ein ovales, schmales Gesicht? Sie haben Glück, denn dazu passen so gut wie alle Frisuren. Vermeiden Sie bei einem langen Gesicht alles, was die Form zusätzlich betont, wie am Oberkopf aufgebauschte oder lange, glatt herunterhängende Haare. Vorteilhaft beim runden Gesicht sind seitlich schmal gehaltene Frisuren und ein hoher Seitenscheitel. Das eckige Gesicht wirkt durch eine »kantige« Frisur, wie einem Bob, noch markanter. Das kann äußerst attraktiv aussehen. Möchten Sie allerdings weicher erscheinen, sind stufig oder fedrig geschnittene Frisuren optimal.

Tipp:
Vorsicht beim Mittelscheitel. Was bei Models stylish aussieht, geht im realen Leben meist daneben. Denn er betont die Mittelachse und verstärkt dadurch individuelle Gesichtsmerkmale. So wirkt ein langes Gesicht noch länger, ein spitzes Kinn spitzer und auch eine schiefe Nase

wird zusätzlich betont. Unproblematischer ist ein Seitenscheitel. Er wirkt ausgleichend, dynamischer und weniger streng.

Frisur und Kompetenzwirkung. In unserem Kontext ist das der wichtigste Aspekt. Denn schließlich geht es um die Situation, in der Sie mit Ihrer Frisur Kompetenz ausstrahlen möchten, nämlich um Ihren Business-Auftritt.

Die Haare verdecken das Gesicht (links).
Ein »offenes« Gesicht strahlt Kompetenz aus (rechts).

An erster Stelle steht die Pflege. Studien bestätigen, dass Menschen mit ungepflegtem Haar als unsympathisch beurteilt werden, dagegen bekommen Personen mit gepflegtem Haar Bonuspunkte auf der Sympathieskala. Ihre Haare sollten demnach immer wie frisch gewaschen aussehen … und auch so riechen. Denn ungepflegte Haare wirken nicht nur nachlässig, sie können auch die Nase Ihres Gegenübers empfindlich stören.

Was gehört noch zu einem korrekten Look? Ein perfekter, zeitgemäßer Schnitt, der regelmäßig nachgearbeitet wird – damit zeigen Sie »Kontur«. Tönen oder färben Sie? Tun Sie es rechtzeitig, damit kein unansehnlicher Ansatz entsteht. Wenn auch *die* Business-Frisur nicht existiert, sollten Sie doch auf ganz bestimmte Richtlinien achten: Zeigen Sie Ihr Gesicht! Verstecken Sie sich keinesfalls hinter Ihrer Frisur. Kämmen Sie Ihre Haare tendenziell zurück, sodass mindestens ein Teil der Stirn und die Jochbeine sichtbar sind. Weshalb ist das von Bedeutung? Mit der Stirnpartie assoziieren wir intellektuelle Kraft. Das Jochbein dagegen steht für Eigensinn, also für den »eigenen Sinn« und ist somit wichtiger Indikator für die Persönlichkeit. Verständlich also, dass Sie diese Gesichtszonen nicht verdecken sollten. Außerdem wirken Sie ordentlich und adrett, wenn die Haare nicht ins Gesicht hängen.

Welche Länge ist die richtige? Prinzipiell sind alle Längen möglich. Doch bedenken Sie, dass lange, offene Haare sehr weiblich und erotisch wirken können. Für Ihre Kompetenzausstrahlung ist das nicht gerade förderlich. Deshalb ist es vorteilhaft, lange Haare zurückzustecken oder sie im Nacken zusammenzubinden. Vermeiden Sie allerdings einen Pferdeschwanz auf dem Hinterkopf. Er erinnert an ein kleines Mädchen – wie Sie sich denken können, untergräbt auch das Ihren kompetenten Auftritt.

Tipp:

Nur gesundes Haar strahlt Vitalität aus. Gehen Sie deshalb sorgsam damit um. Behandeln Sie es bei der täglichen Pflege schonend, und seien Sie achtsam bei chemischen Manipulationen.

Tipp:

Wollen Sie sich eine neue Frisur zulegen? Beziehen Sie immer mit ein, welchen Aufwand diese Frisur nach sich zieht. Das betrifft nicht nur den täglichen Pflegeaufwand, sondern auch die Dauer und Häufigkeit der später erforderlichen Friseurbesuche.

Frisur und Haarfarbe werden ständig geändert. Dieses Verhalten ist bei jungen Menschen durchaus normal. Sie sind noch auf der Suche nach ihrer Identität – testen aus und experimentieren. Doch von einer erwachsenen Frau erwartet man, dass sie ihren Stil gefunden hat. Ständiger Wechsel signalisiert Unreife.

Die Haare sind zu blond, zu rot, zu schwarz. Zu extreme Farben wirken unnatürlich. Was für Stars und Sternchen durchaus zur »Imagebildung« gehören kann, hat im Business zu starke Signalwirkung.

Lange Haare um jeden Preis. Lange Haare sind für Frauen Normalität, sie sind Zeichen ihrer Weiblichkeit und Attraktivität. Doch dazu gehört eine gesunde, dichte Haarstruktur. Leider wird diese Grundvoraussetzung sehr oft nicht erfüllt. Priorität sollte deshalb nicht das lange Haar sein, sondern der zu Ihren Haaren passende Schnitt.

Präsenz zeigen durch Make-up

Fühlen Sie sich nicht auch selbstbewusster und sicherer, wenn Sie geschminkt sind? Gerade im Berufsalltag profitieren Sie von einem guten Make-up durch ein positives Ich-Gefühl. Sie gewinnen an Ausstrahlung und sind dadurch attraktiver. Forschungsergebnisse bestätigen, dass attraktive Menschen mehr Erfolg haben. Sie werden nicht nur als kompetenter und intelligenter eingeschätzt, sondern auch als sympathischer beurteilt.

Grundsätzlich gilt. Machen Sie aus Ihrem morgendlichen Make-up ein Ritual! Optimieren Sie die einzelnen Schritte, bis sie perfektioniert sind. Haben Sie Ihren Stil gefunden, behalten Sie ihn bei. Denn nichts ist für Ihre Umwelt irritierender als ein ständig wechselndes »neues« Gesicht. Aber Achtung! Der Zeitgeist macht auch vor Make-up-Moden nicht halt. Hinzu kommt, dass auch Sie sich im Laufe der Jahre verändern. Überprüfen Sie daher in gewissen Abständen, ob Ihre Schminkgewohnheiten noch in die Zeit und zu Ihrer persönlichen Entwicklung passen. Wenn nicht, korrigieren Sie.

Die Präsenzzonen

Unterhalten Sie sich mit einem Menschen, schauen Sie in sein Gesicht. Emotionen lesen Sie aus der Mimik ab. Maßgeblich hierfür sind: **Augenbrauen, Augen** und **Mund**. Genau diese drei Bereiche bestimmen Ihre Präsenz. Die Wirkung Ihrer »Präsenzzonen« können Sie stärken – durch ein konturiertes Make-up. Dabei geht es nicht darum, sich in eine exzentrische Diva zu verwandeln. Ziel ist, die natürliche Ausdruckskraft subtil zu stützen, ja sogar zu steigern.

Ohne Akzente (links)
Präsenz durch ein konturiertes Make-up (rechts)

Die Augenbrauen. Sie stehen für Kraft und Leidenschaft. Die jeweilige Form ist fest mit dem Image ihrer Trägerin verbunden. Ein Ausflug in die Filmgeschichte zeigt, seit jeher prägen Augenbrauen die Ausstrahlung von Schauspielerinnen. Denken Sie nur an Marlene Dietrich mit ihren dünnen, hochgeschwungenen Sicheln. Oder an Brooke Shields, das Gesicht der Achtziger, mit den natürlichen, ungezähmten Brauen. Heute ist die Idealform nach außen ansteigend und leicht eckig – immer natürlich, aber in Form gebracht.

Akzentuieren Sie Ihr Gesicht durch markante Augenbrauen. Gemeint sind damit keine schwarzen Balken, vielmehr eine klar definierte Linienführung. Optimieren Sie durch Bürsten, Zupfen und Nachstricheln. Um den Blick zu öffnen, bürsten Sie die Brauen nach oben. Sprühen Sie das Bürstchen zuvor mit Haarlack ein – das fixiert. Mit einer Pinzette bekämpfen Sie Härchen auf der Nasenwurzel oder zuviel Wildwuchs, sonst kann Ihr Blick schnell düster wirken. Wachsen die Brauen dagegen nicht dicht genug, füllen Sie diese mit einem gut gespitzten Brauenstift oder mit einem festen abgeschrägten Pinsel und Lidschattenpulver auf. Arbeiten Sie mit kurzen Strichen, und orientieren Sie sich an der oberen Kante, sonst drücken die Brauen optisch nach unten.

Sind Ihre Brauen durch jahrelanges Zupfen immer schmaler geworden, nutzen Sie Ihren Urlaub, um diese wieder ungestört wachsen zu lassen. Entscheiden Sie dann, was wirklich gezupft werden muss.

Tipp:

Machen Sie ein weiches, rundliches Gesicht ausdrucksstärker, indem Sie die Augenbrauenform eckiger gestalten.

Tipp:

Kontrollieren Sie, ob die Brauenhärchen im Laufe der Jahre immer länger werden. Wenn ja, stutzen Sie diese mit einem Scherchen, damit Ihre Brauen gepflegt aussehen.

»Keine« Augenbrauen

Pharmareferentin, heller Typ: »Im Berufsalltag fühle ich mich häufig ›unsichtbar‹. Ich denke aber, mit dem richtigen Make-up lässt sich bestimmt etwas machen.« Mir fällt auf, dass ihre Augenbrauen in der normalen Gesprächsdistanz kaum zu sehen sind. Erst bei genauerem Hinschauen nimmt man sie wahr. Die Folge: Sie wirkt blass und unprägnant.

Ich strichele ihre Brauen mit einem beige-grauen Stift nach und korrigiere nur ein wenig die Form. Ein minimaler »Eingriff«, der eine erstaunliche Wirkung erzielt. Sie schaut in den Spiegel: »Das ist ja unglaublich, ich bin auf ein Mal da, und das nur durch ein paar Striche.«

Die Augen. Sie sind die Fenster der Seele. Ein offener, lebhafter Blick steigert Ihren persönlichen Ausdruck. Das perfekte Business-Make-up verstärkt die Wirkung Ihrer Augen und ist niemals »Konkurrenz« dazu. Vermeiden Sie daher zu intensives und zu farbiges Augen-Make-up. Auch Smokey Eyes sind hier fehl am Platz. In puncto Farbe sind neutrale und rauchige Töne optimal. Nicht nur Frauen mit kleinen Augen und Brillenträgerinnen zu empfehlen: Heller Kajal in der Innenseite des unteren Augenlids »öffnet die Augen« und macht den Blick wacher. Wimperntusche macht ihn ausdrucksvoller. Lassen Sie sich von Zeit zu Zeit die Wimpern färben, das schafft gerade bei helleren Wimpern eine wunderbare Basis für die Wimperntusche. Ein feiner Lidstrich direkt am Wimpernkranz verdichtet optisch die Wimpern und bringt Ihre Augen zum Strahlen.

Tipp:

Brillenträgerinnen haben häufig ein Problem: Ohne Brille können Sie nichts sehen, mit Brille können sie sich jedoch nicht schminken. Hier schafft eine »Schminkbrille« Abhilfe. Deren Gläser können Sie einzeln hoch- oder wegklappen, dadurch sehen Sie mit einem Auge, während Sie das andere schminken.

Der Mund. Auch er zieht die Blicke auf sich. Sie haben die Wahl, erotische Signale auszusenden oder Professionalität zu signalisieren. Betonte, präzise gezeichnete Lippen steigern Ihre Kompetenzausstrahlung. Betont heißt jedoch nicht Lippenstift in leuchtendem Rot, Pink oder Orange, sondern in dezenten Tönen wie Rosenholz- oder Apricot-Nuancen. Das A und O ist die exakte Lippenkontur. Dafür benötigen Sie einen farblich zum Lippenstift passenden Konturenstift. Kleine Unregelmäßigkeiten können Sie damit wunderbar ausgleichen. Versuchen Sie jedoch nicht, schmale Lippen in einen Schmollmund zu verwandeln.

Tipp:

Zeichnen Sie mit dem Konturenstift die Lippenkontur nach und malen dann die Lippen komplett damit aus – so ist der danach aufgetragene Lippenstift besser fixiert.

Damit Augenbrauen, Augen und Mund ihre volle Wirkung entfalten können, bedarf Ihr Make-up einer Grundlage, der **Grundierung**. Sie verleiht Ihrem Teint mehr Ebenmäßigkeit, lässt Sie gesünder und somit dynamischer erscheinen. Wählen Sie ein Produkt, das Ihrer Haut einen seidigen Schimmer verleiht und nicht zu matt oder gar trocken wirkt. Ist der Farbton richtig gewählt, verschmilzt er mit Ihrem Teint. Kaschieren Sie kleine Ungleichmäßigkeiten und Augenringe mit einem Concealer, glänzende Stellen stäuben Sie mit losem Puder und einem dicken Pinsel ab. So ist die perfekte Grundlage geschaffen.

Tipp:

Testen Sie den Ton der Grundierung dort, wo sie später aufgetragen wird – also nicht am Handgelenk, sondern am Übergang vom Kinn zum Hals. Achten Sie darauf, dass kein Absatz von geschminkter zu ungeschminkter Haut zu sehen ist.

Tipp:
Setzen Sie Make-up Produkte maßvoll ein, denn sie sollen Ihr Gesicht nicht zur Maske erstarren lassen. Es sind nur Instrumente, die Sie dabei unterstütztten, Ihre volle Präsenz zu entfalten.

Tipp:
Vorsicht bei Permanent-Make-up. Wie das Wort »permanent« schon sagt, müssen Sie lange Zeit mit dieser Make-up-Variante leben. Vertrauen Sie sich deshalb nur absoluten Experten an.

Die häufigsten Fehler

Die Augenbrauen werden schwarz nachgezogen. Selbst bei dunklen Haaren wirkt der schwarze Augenbrauenstift oft unnatürlich und dominant. Orientieren Sie sich bei der Wahl der Farbe an Ihren Haaren und den Brauen. Naturähnliche Töne – von Grau-Beige bis Dunkelbraun, je nach Haarfarbe – lassen Sie nicht angemalt und doch immer präsent wirken.

Dunkler Kajal bei kleinen Augen. Dunkler Kajal im Innenlid macht kleine Augen noch kleiner, er betont die innere Begrenzung. Außerdem ist die Wirkung im Berufsalltag zu »dramatisch«.

Mit der Grundierung soll Bräune vorgetäuscht werden. Eine Grundierung, die dunkler als Ihre Haut ist, sieht unnatürlich aus und lässt Sie älter wirken. Wählen Sie daher den Ton immer passend zur Hautfarbe.

Körperpflege und mehr

Für eine ästhetische Ausstrahlung ist Körperpflege unerlässlich. Sie beginnt mit dem täglichen Duschen, hilfreich ist das anschließende Anwenden eines Deodorants oder Antitranspirants. Frische Kleidung versteht sich von selbst. Doch auch andere Faktoren sind an Ihrem gepflegten Aussehen beteiligt. So zum Beispiel der richtige Umgang mit Körperhaaren, die Pflege der Hände und die der Zähne sowie das Verwenden eines angenehmen Parfüms. Wie viel Haut darf man im Job zeigen? Ist enge Kleidung okay und wie sieht die richtige Wäsche aus? Auch diese Fragen entscheiden über Ihren perfekten Business-Auftritt.

Körperhaare. Unser ästhetisches Empfinden unterliegt dem Zeitgeist. Heute sind Frauen gefordert, sich sowohl die Achseln als auch die Beine zu enthaaren. Unrasierte Frauenbeine lassen ihre Trägerin nachlässig wirken. Das Rasieren der Achselhaare hat allerdings nicht nur optische Gründe. Denn Bakterien, die unangenehme Gerüche verursachen, können sich nicht so schnell entwickeln. Wie steht es mit dem »Damenbart«? Auch er entspricht nicht den Kriterien einer gepflegten weiblichen Erscheinung. Falls Sie Probleme damit haben, hilft Ihnen Ihre Kosmetikerin bestimmt gerne weiter.

Hände. Hände ziehen in besonderem Maße die Blicke auf sich. Denn sie sind ein wichtiges Ausdrucksmittel unserer Körpersprache. Lassen Sie ihnen daher die Aufmerksamkeit und Pflege zukommen, die sie verdienen.

Cremen Sie Ihre Hände – am besten nach jedem Waschen und vor dem Schlafengehen – mit einem Pflegeprodukt ein. Vergessen Sie dabei auch Nägel und Nagelhaut nicht. Empfehlenswert sind Pflegestifte. Damit können Sie die Nagelhaut geschmeidig halten und sie zusätzlich vorsichtig zurückschieben. Um Ihre Nägel in Form zu bringen, verwenden Sie eine qualitativ gute Nagelfeile. Zur Nagellänge: Die Nägel sollten weder ganz kurz – das sieht kindlich aus – noch lang sein, denn im Beruf haben »Krallen« nichts verloren. Einen Anhaltspunkt bietet die Fingerkuppe. Der Nagel endet dort oder reicht etwas darüber hinaus, das ist abhängig von Ihrer Nagelbettform. Um das Aussehen Ihrer Hände zu perfektionieren, sollten Sie die Nägel polieren oder einen dezenten Lack auftragen. »Unfarbige« Produkte, beispielsweise in transparentem, hellem

Rosé, wirken topgepflegt und haben nicht zu unterschätzende Vorteile: Zum einen können Sie auf mehrmaliges Auftragen verzichten – Sie sparen also eine Menge Zeit. Zum anderen fallen kleine Ausrutscher überhaupt nicht ins Auge. Tabu sind grelle, bunte und dunkle Lacke sowie Nagelschmuck und -dekoration jedweder Art. Vorsicht auch bei Nagelmodellagen, wenn diese nicht dezent und mit äußerst viel Feingefühl ausgeführt werden. Der gepflegte, natürliche Nagel ist meist die beste Wahl.

Zähne. Geizen Sie nicht mit Ihrem Lächeln, denn wie Sie wissen, sorgt Lächeln für eine sympathische Ausstrahlung und steigert Ihre Attraktivität. Voraussetzung sind gesunde und ästhetisch schöne Zähne. Sie stehen für Vitalität und Leistungsfähigkeit. Was können Sie dafür tun? Putzen Sie Ihre Zähne mehrmals täglich und verwenden Sie regelmäßig Zahnseide. Nach dem Essen ist ein Blick in den Spiegel ratsam. Denn Speisereste zwischen den Zähnen sorgen für Irritationen bei Ihren Gesprächspartnern und machen den besten Eindruck kaputt. Suchen Sie sich außerdem einen kompetenten Partner im Bereich der modernen Zahnmedizin. Lassen Sie nicht nur die notwendigen »Reparaturarbeiten« vornehmen, nutzen Sie auch Angebote wie beispielsweise die professionelle Zahnreinigung. Nur so bleiben Ihre Zähne dauerhaft attraktiv.

Duft. Ein Spritzer Parfum rundet die tägliche Pflege ab. Doch gehen Sie sparsam damit um, wenn Sie keine Ohnmachtsanfälle in Ihrer Umgebung provozieren möchten. Auch das beste Parfum ist belästigend, wenn Sie zu viel davon aufgetragen. Was allerdings ist ein *guter* Duft? Das ist schwer zu definieren, außerdem hat jeder seine individuelle Wahrnehmung. Empfehlenswert sind frisch und dezent duftende Parfums, die nach Sauberkeit riechen. Vermeiden Sie auf jeden Fall schwere und süßliche Duftnoten, diese können schnell aufdringlich sein.

Parfum ist eine Frage des Stils. Wechseln Sie daher nicht ständig. Denn auch ein individueller Duft ist Ausdruck Ihrer Persönlichkeit.

Tipp:
Sie sind Ihrem Parfum treu und verwenden es schon lange. Die Folge: Sie nehmen seine Intensität nicht mehr richtig wahr und tragen zu viel davon auf. Die Lösung: Suchen Sie nach einem Alternativ-Duft und wechseln Sie im Rhythmus von einigen Wochen ab. So können Sie sich selbst noch »riechen« und bleiben beim richtigen Maß. Übrigens: Verwenden Sie gerade im Sommer möglichst leichte Düfte. Durch Wärme und stärkeres Schwitzen entwickeln sich die Duftstoffe intensiver als im Winter.

Vorsicht bei nackter Haut!

Nackte Haut, Piercings und Tattoos. Versuchen Sie nicht, mit Ihren weiblichen Reizen zu punkten. Auch wenn Ihnen Ihre Kollegen immer wieder Komplimente für Ihre schönen Beine im Minirock machen – verständlich, dass Sie sich darüber freuen – sollten Sie hinterfragen: Ist das Ihrer Position und Ihrer professionellen Wirkung zuträglich? Denn das Herausstellen weiblicher Attribute wird mit vielem in Verbindung gebracht – doch selten mit Kompetenz. Vorsicht also bei nackter Haut … und das auch bei sommerlicher Hitze. Erfreulicherweise ist die Mode der »bauchfreien« Tops vorbei. Genauso unangebracht sind allerdings ärmel- oder trägerlose Teile sowie Spaghettiträger-Tops. Gleiches gilt für minikurze Röcke, nackte Beine und vorne offene Schuhe. Haben Sie ein reizvolles Dekolleté? Glückwunsch, doch im Berufsumfeld sollte es Ihr Geheimnis bleiben. Zu tiefe Dekolletés lenken schnell vom Thema ab.

Ein absolutes Tabu sind sichtbare Piercings und Tattoos. Denken Sie an Ihr Image. Gerade diese persönlichen Vorlieben sind stark mit Klischees behaftet und somit Ihrem Status wenig zuträglich.

Tipp:

Tragen Sie gerne Schuhe, die hinten offen sind? Das kann sehr chic aussehen ... wenn die Fersen gepflegt sind. Denken Sie immer daran, dass alles, was Sie von sich zeigen, in einem topgepflegten Zustand ist. Das gilt auch für Ihre Füße in halboffenen Schuhen.

Zu enge Kleidung. Zeitgemäße Kleidung ist schlank geschnitten. Doch verwechseln Sie »schlank« niemals mit »zu eng«. Denn schlank beschreibt eine Linienführung, die Ihre Figur körpernah umspielt, ohne sie einzuengen. Sperrt allerdings die Bluse über dem Busen auf, zeichnen sich Speckröllchen durch das Top ab, oder schiebt sich der Rock bei jedem Schritt nach oben, ist Ihre Kleidung augenfällig zu eng. Solche und ähnliche Details untergraben eindeutig Ihren seriösen und gepflegten Auftritt.

Wäsche. »Passende« Wäsche ist in zweierlei Hinsicht von Belang. Erstens müssen Größe und Schnitt stimmen. Wenn aus dem zu engen BH Pölsterchen herausquellen, ist das nach außen sichtbar und hinterlässt keinen guten Eindruck. Zweitens sollten Material und Farbe auf Ihre Kleidung abgestimmt sein. Dass schwarze Spitzenwäsche zu einer weißen Bluse unpassend ist, weiß jeder. Aber ist das weiße Pendant ideal? Nein, denn auch hier zeichnet sich das Material ab und die Farbe scheint durch. Greifen Sie im Zweifelsfall zu hautfarbiger, glatter Wäsche. Sie ist neutral und am wenigsten »sichtbar«. Sie fragen sich, ob Sie nicht ganz auf einen BH verzichten können? Keinesfalls, ein BH gehört im Business unbedingt dazu – auch für Frauen mit wenig Busen. Für eine gleichmäßige Silhouette sind Bodies eine gute Wahl. Der Körper wird nicht »unterteilt« und Pölsterchen eher kaschiert. Push-up-Modelle sind der Passform Ihres Blazers wenig zuträglich. Der Busen wird zu weit nach vorne gedrückt, dadurch entstehen bei der Jacke hässliche Schrägzüge. Auch ein Slip kann unschöne »Eindrücke« hinterlassen. Zeichnen sich die Beinausschnitte zu stark ab, versuchen Sie es mit einer Strumpfhose über dem Slip – diese sollte möglichst glatt und mit Stützeffekt ausgestattet sein.

Tipp:

Folgendes Szenario: Eine Kollegin – chic gekleidet mit hüftiger Hose und Kurzblazer – setzt sich an den Besprechungstisch und beugt sich nach vorne. Die Jacke rutscht hoch, das Hosenbündchen runter, intime Einblicke eröffnen sich. Der Stringtanga schiebt sich in Richtung Taille und somit ins Blickfeld – das sieht nicht gerade businesslike aus. Damit *Ihnen* nicht das Gleiche passiert, machen Sie zu Hause eine Sitzprobe, so können Sie rechtzeitig reagieren. Alternativen: Tragen Sie zur Hüfthose etwas längere Blazer oder Blusen, die nicht rausrutschen, auch Bodies bieten sich an.

Die Business-Frau unterwegs

Der erste Eindruck zählt überall auf der Welt. Auch Ihr ausländischer Geschäftspartner kann Sie zunächst einmal nur nach Ihrer Aufmachung einschätzen. Senden Sie die falschen Signale aus, ist Ihren Verhandlungen häufig die gute Basis entzogen.

Klassisch. Hochwertig. Dezent. Bedeckt. Halten Sie sich an diese Vorgaben, dann sind Sie auf einem guten Weg. Tragen Sie klassische Kostüme und Anzüge in dezenten Farben. Besonders in Großbritannien, Frankreich, Italien und Spanien wird größter Wert auf die Qualität der Stoffe und eine exzellente Passform gelegt. Bei den Briten hat außerdem die Regel des vornehmen Understatements Gültigkeit, während beispielsweise in Russland und Japan Labels und Statussymbole wichtig sind. In den USA ist der Dresscode eher konservativ, achten Sie deshalb unbedingt auf glatt rasierte Beine und Nylonstrümpfe – und das nicht nur bei kühlen Temperaturen. Dort, wie in anderen Ländern gilt: Halten Sie sich bedeckt, wenn Sie als Business-Frau glaubwürdig auftreten möchten. Erforderlich sind geschlossene Schuhe und auf jeden Fall Strümpfe. Die Röcke sollten mindestens bis zum Knie reichen. Vermeiden Sie auch im Ausland das Herausstellen von Weiblichkeit, wie zu enge Kleidung, tiefe Einblicke und das Zurschaustellen nackter Haut. Das gilt insbesondere für arabische Länder oder China. In Japan sind Hosen oder längere und weitere Röcke ratsam, da man in Restaurants bisweilen auf dem Boden Platz nimmt.

Allgemein. Sie bewegen sich auf der sicheren Seite, wenn Sie Ihrem Status und Ihrer Stellung gemäß gekleidet sind, lieber sogar noch etwas besser. Interpretieren Sie den Dresscode in engem Rahmen, also eher konservativ. Denken Sie daran, je verschiedener die Kulturen, umso unterschiedlicher können die Gepflogenheiten sein. Häufig liegen diese in den religiösen Traditionen der Länder begründet. Missachten Sie diese, kann das besonders für Sie als Frau heikel werden – zumindest ist es Ihrem Vorhaben nicht zuträglich. Erweisen Sie Ihrem Gastland den erforderlichen Respekt und Ihrem Geschäftspartner die nötige Wertschätzung, so steht Ihrem Erfolg nichts im Wege.

Tipp:
Halten Sie sich immer wieder im außereuropäischen Ausland auf oder gehen Sie sogar für längere Zeit dorthin? Besuchen Sie Seminare, die sich speziell den Gepflogenheiten der unterschiedlichen Kulturen widmen. Hier erfahren Sie mehr über die Feinheiten der angemessenen Kleidung und über die Besonderheiten der landestypischen Umgangsformen.

Dem Anlass gemäß

Eine Einladung für eine geschäftliche Veranstaltung flattert Ihnen ins Büro. Was ziehen Sie an? Häufig finden Sie einen Vermerk zum Dresscode auf der Einladung. Diesen zu befolgen, gebietet nicht nur die Höflichkeit dem Gastgeber gegenüber, auch Sie selbst werden sich wohler fühlen, wenn Sie adäquat gekleidet sind. Sollten Sie unsicher sein, kleiden Sie sich lieber etwas zu formell als zu leger. Das etwas zu formelle Outfit können Sie vor Ort besser »entschärfen«, als das saloppe »verfeinern«.

Hier einige Beispiele für Kleidervermerke. Dabei beziehen sich die klassischen Vermerke auch in Zeiten der Gleichberechtigung auf die Garderobe der Männer. Frauen kleiden sich entsprechend.

Business casual. Halboffiziell, nie zu lässig, immer gepflegt: Jacke, Hose, Rock, Bluse oder Top, Twin-Set. Kostüm oder Anzug sind nicht notwendig.

Come as you are. »Kommen Sie wie Sie sind«, damit ist jedoch keineswegs Ihre Freizeitbekleidung, sondern die Bürobekleidung gemeint. Es bedeutet, Sie müssen sich nach Büroschluss nicht extra umziehen. Ergo ist die korrekte Kleidung: Hosenanzug, Kostüm oder – je nach Branche – legerer.

Business attire. Tenue de ville. Formelles Tagesoutfit: dunkler Hosenanzug oder Kostüm mit heller Bluse oder auch Jackenkleid.

Dunkler Anzug. Hier geht es schon feierlicher zu. Als Frau tragen Sie elegante Garderobe entweder in Form des »Kleinen Schwarzen«, eines Kostüms oder Hosenanzugs.

Cocktail. Für elegantere Anlässe ab 16:00 Uhr. Mit dem knielangen »Kleinen Schwarzen« sind Sie goldrichtig angezogen. Sie dürfen Ihre Schultern und Dekolleté zeigen. Offene Schuhe ohne Strümpfe sind erlaubt.

Black tie. Cravate noire. Smoking. Feierliche, offizielle Abend-Outfits sind gefordert. Ein festliches Abendkleid, lang oder auch kurz, ist die korrekte Bekleidung. Auch hier können Sie offene Schuhe ohne Strümpfe tragen.

White tie. Cravate blanche. Frack. Hochoffiziell, festlich, abendlich. Ein großer Ball steht an. Nehmen Sie den edelsten Schmuck aus der Schatulle und Ihre »große, lange Abendrobe« oder das Ballkleid aus dem Schrank. Dazu passen hohe Sandaletten ohne Strümpfe – aber auch geschlossene, elegante Modelle sind möglich.

Cut. Hochoffizielles, festliches Tagesoutfit. Das Pendant am Tage zu »White tie« am Abend: Möglich sind sowohl ein knielanges, sehr elegantes Kleid mit passender Jacke oder passendem Mantel als auch ein nobles Kostüm. Wählen Sie dazu geschlossene, ausgesuchte Schuhe. Strümpfe sind Pflicht.

Generell gilt. Tragen Sie bei festlicheren Gelegenheiten schulterfreie Garderobe, bedecken Sie bei der Ankunft Ihre Schultern mit einer Stola oder einem Jäckchen. Zu abendlichen Anlässen gehören hohe Schuhe und kleine Abendtaschen. Je offizieller der Anlass, umso kleiner ist die Tasche. Mit Strümpfen sind natürlich immer feine Nylons gemeint.

Business casual – aufgelockert statt formell

In den voran gegangenen Kapiteln haben wir Ihnen zahlreiche Anregungen zum formellen Business-Look gegeben. Den »entspannten Business-Look« haben wir lediglich angerissen. Da dieser aber durchaus seine Berechtigung hat und außerdem ein größeres Kombinationsgeschick und Feingefühl erfordert, liefern wir Ihnen hier noch einmal ganz konkrete Beispiele, wie Sie sich lässiger und dennoch businesslike kleiden können.

Material. Nehmen wir den Blazer. Alleine durch den Stoff bekommt dieser ein ganz neues Gesicht. So wirkt er in »Jersey« wesentlich salopper als sein Gegenstück im feinen Wollgewebe. Der Mix macht es: »klassische Form, unkonventionelles Material«, leger und gleichzeitig kompetent. Als weiteres Beispiel ein anderes Material, nämlich Cord. Die Kombination »brauner Cordblazer, schwarzer Feinstrickrolli, graue Hose« bietet beides: Lässigkeit und Kompetenz.

Gekonnt kombinieren. Bluse: Sie gehen weg von der klassischen Hemdbluse in Baumwollpopeline und wählen eine kragenlose Form, Kasack-Stil, fließendes Material. Kombiniert mit oben erwähntem Jerseyblazer und einer Chino, haben Sie den perfekten Business casual-Look. Apropos Chino: Gemeint ist eine schlanke Baumwollhose mit seitlichen Einschubtaschen. Dieser Hosentyp ist ideal, wenn Sie mit Ihrem Outfit Kompetenz, gleichzeitig aber eine gewisse Sportlichkeit signalisieren möchten. Chinos eignen sich besonders gut in lichtem »Sand«, da sich dieser Farbton hervorragend mit anderen Farben kombinieren lässt. Als Beispiel ein Klassiker: Blazer in Marineblau, Chino in Sand, Bluse in Creme – simpel und trotzdem oder gerade deshalb äußerst wirkungsvoll. Da der Farbton Sand neutral ist, können Sie ihn auch ausgezeichnet zu auffälligeren Farben wie Flieder, Violett oder Petrol tragen.

Impliziert die Chino bei aller Lässigkeit immer noch einen Hauch von Eleganz, signalisiert die Jeans in erster Linie Freizeit und Sportivität. Hier sollten Sie also genau überlegen, ob sie in Ihr Geschäftsumfeld passt. Wenn ja, können Sie sehr attraktive Kombis kreieren. Wichtig: Wählen Sie »dunkles« Blue-Denim, da dies seriöser wirkt als sein helles Pendant. Mit kurzem »zickigem« Blazer und schlankem Top ist Ihr Look perfekt. Wenn es noch entspannter zugeht, bietet sich »Feinstrick« an, zum Beispiel als Jacke. Wichtig ist auch hier der Mix. So wirkt die Kombination »kleine Strickjacke, weiße Hemdbluse und dunkle Jeans« immer frisch und modern, gleichzeitig aber – besonders durch die Bluse – vertrauenswürdig und souverän.

Weg vom Blazer. Fühlen Sie sich im Blazer zu formell gekleidet, greifen Sie einfach zu modifizierten Jackentypen. Insbesondere kurze kragenlose Formen oder solche mit kleinem Stehkragen lockern das Bild auf und schaffen einen neuen Look. Hinzu kommt das Material – es darf femininer, softer sein als der eher maskuline Business-Stoff. Auch feines Leder ist erlaubt, Voraussetzung: Die Jacke sollte niemals mit Details überladen oder zu sportiv sein.

Der Schuh. Auch wenn Ihnen eine größere Bandbreite als beim formellen Businesslook zur Verfügung steht wie beispielsweise höhere Absätze oder ein ausgefalleneres Design, sollten Sie immer darauf achten, dass Ihr Schuh »businesslike« ist, das heißt durch Wertigkeit beziehungsweise gute Qualität überzeugt.

Tipp:
Lässig heißt nicht nachlässig. Das ist die Grundvoraussetzung, wenn Sie Business casual tragen. Achten Sie also grundsätzlich darauf, dass Ihr Outfit stets stimmig und gepflegt wirkt – und verzichten Sie auf alles, was zu sehr nach Freizeit aussieht.

Business casual

Das Bewerbungsoutfit

Wie Sie durch Ihr Outfit an Sicherheit gewinnen, haben wir anhand zahlreicher Beispiele dargestellt. Hier geben wir Ihnen noch einmal speziell für Ihre Bewerbung einen »Leitfaden« an die Hand. An folgende Punkte sollten Sie vor einem Vorstellungsgespräch denken.

Kompetenz visualisieren. Das Bewerbungsgespräch ist eine ganz besondere Situation, in der Sie sich bei einem potentiellen Arbeitgeber zum ersten Mal persönlich vorstellen. Natürlich möchten Sie nur den besten Eindruck hinterlassen. Wählen Sie folglich ein Outfit, mit dem Sie Ihre fachliche Qualifikation »erfolgversprechend verstärken«. Visualisieren Sie Ihre Kompetenz durch einen wertigen, gepflegten Auftritt.

Kriterien abklopfen. Stellen Sie sich folgende Fragen: Welcher Kleidungsstil herrscht in meiner Branche und ganz speziell in dem jeweiligen Unternehmen vor? Wo soll künftig mein Platz innerhalb der Firmenhierarchie sein? Wo genau liegt der Aufgabenbereich? Generell gilt, je höher die Position und je mehr Außenwirkung diese hat, umso korrekter das Outfit. Um ein Gefühl für den Stil des Unternehmens zu bekommen, schauen Sie sich – im Internet oder sogar vor Ort – an, wie sich die Firma selbst darstellt. So erhalten Sie eine gute Einschätzung, wie korrekt oder leger es dort zugeht. Im Zweifelsfall treten Sie lieber etwas zu konventionell als zu lässig auf.

Präsenz zeigen. Wenn Sie bei Ihrem Gesprächspartner punkten möchten, ist es äußerst wichtig, dass dieser Sie als engagiert und handlungsbereit wahrnimmt. Es ist wichtig, dass Sie »Präsenz« zeigen. Mit Ihrem Outfit können Sie das ganz gezielt steuern. Beispiel Kontraste: Helles Top oder helle Bluse zur dunkleren Jacke strahlt mehr Power aus als eine Wischiwaschi-Kombination in fadem Beige. Mit einem leichten Make-up wirken Sie wesentlich lebendiger als ungeschminkt. Oder Ihre Haare. Sind diese gut geschnitten, gewinnt Ihre gesamte Erscheinung sofort an Profil. Umgekehrt verlieren Sie mit »Wildwuchs« an Kontur.

Selbstverständlich rüberkommen. Für Ihr Vorstellungsgespräch haben Sie sich ein neues Kleidungsstück zugelegt. Doch schnell stellen Sie fest, dass Material und Passform nicht stimmen und dass es eigentlich auch gar nicht zu Ihnen passt. Ihre Kleidung verunsichert Sie mehr, als dass sie Ihnen hilft. Die Folge: Sie wirken gequält und nicht authentisch. Denken Sie immer daran: In einem Vorstellungsgespräch sollten Sie ganz selbstverständlich rüberkommen. Dazu gehört, dass Sie mit Ihrem Outfit im Einklang sind. Wenn Sie ständig darüber nachdenken, wie Ihre Jacke oder Ihr Rock sitzt, raubt Ihnen das wertvolle Energie. Legen Sie sich daher Ihr Bewerbungsoutfit rechtzeitig zu, damit Sie schon einmal damit »warm« werden können. So sind Sie gewappnet und haben gegebenenfalls die Möglichkeit, umzudisponieren.

Standfest sein. »Mit beiden Beinen fest im Leben stehen«, eine Devise, die gerade für die Bewerbungssituation gilt. Dazu gehören die richtigen Schuhe. Achten Sie ganz besonders darauf, dass Sie in Ihren Schuhen sicher gehen beziehungsweise stehen können. Wenn Sie auf zu hohen Absätzen herum stolpern und sich ausschließlich auf das Laufen konzentrieren, hinterlassen Sie bei Ihrem künftigen Arbeitgeber alles andere als einen guten Eindruck.

Ihr Bewerbungsoutfit in Stichworten:

- Formeller Look: Hosenanzug beziehungsweise Kostüm mit Bluse oder Top
- Entspannter Look: eine Kombination aus Jacke mit Hose oder Rock, dazu Bluse, Top oder Strickteil
- Neutrale Farben wie Grau, Schwarz, Marineblau oder Braun für Hosenanzug, Kostüm, Blazer oder Jacke. Keine »schrillen« Farben für Bluse oder Top
- Kontrastwirkung: helleres Kleinteil (Bluse, Top), dunkleres Großteil (Jacke)
- Gute Passform
- Keine zu kurzen Röcke oder tiefen Dekolletés
- Gemäßigter Umgang mit Accessoires wie Tüchern und Schmuck
- Gepflegtes Outfit: keine herunterhängenden oder fehlenden Knöpfe, gut gelüftet (kein Zigaretten- oder Essensgeruch), frisch gebügelt
- Wertige, gepflegte und frisch geputzte Schuhe, die gleiche Sorgfalt bei Tasche beziehungsweise Aktentasche
- Keine nackten Beine, Strümpfe beziehungsweise Strumpfhosen in dezenten Farben wie Hautfarben, Schwarz oder Dunkelbraun
- Keine sichtbaren Piercings und Tattoos
- »Frisur mit Kontur«
- Dezentes Make-up
- Gepflegte Hände, gepflegte Zähne
- Guter Atem: Bedenken Sie, was Sie vor dem Termin und am Vortag zu sich nehmen.
- Parfum mit dezentem Duft

Was Mann trägt – und wie er wirkt

Anzug und Kombination

Der Anzug

Im Zentrum Ihres Business-Outfits steht der Anzug – als Imageträger ist er von außerordentlicher Bedeutung. Welches Image vermitteln Sie im Anzug? Keine Frage, Sie strahlen Kompetenz und Souveränität aus. Und dafür gibt es eine logische Erklärung: Jacke und Hose sind sowohl aus einer Ware als auch aus einer Farbe. Im Komplettoutfit wirken Sie formeller als in einer Kombination aus unterschiedlichen Einzelteilen – diese hat den Anstrich von Lässigkeit. Doch was steht für Kompetenz? Formelle Kleidung erweckt immer einen kompetenteren Eindruck als lässige. Folglich inszenieren Sie den perfekten Business-Auftritt im Anzug. Mehr noch, Sie können Ihre ganz persönlichen Qualitätsmaßstäbe setzen. Orientieren Sie sich stets an exzellenter Passform und hochwertigem Material. Doch bevor wir die »Qualitätsfaktoren« genauer unter die Lupe nehmen, zerlegen wir den Business-Anzug in seine Einzelteile. Er besteht aus Sakko und Hose. Dazu können Sie eine Weste kombinieren.

Beim **Sakko** unterscheiden wir Einreiher und Zweireiher. In der Regel hat der Einreiher zwei oder drei Verschlussknöpfe. Für das Rückenteil gilt: zwei Schlitze, ein Schlitz oder geschlossene Verarbeitung. Der Zweireiher hat zwei oder drei Knopfpaare. Der Rücken wird mit zwei Schlitzen, seltener auch ohne gefertigt. Gegenüber dem Zweireiher bietet der Einreiher entscheidende Vorteile. Zum einen liegt er absolut im Trend. Darüber hinaus können Sie ihn offen tragen und sehen immer noch »angezogen« aus. Apropos Verschluss: Den Zwei-Knopf-Einreiher schließen Sie auf dem oberen Knopf. Der Drei-Knopf-Einreiher wird klassischer Weise mittig verknöpft. Moderne Varianten: Sie schließen alle drei oder nur die beiden oberen Knöpfe.

Tipp:
Sitzen Sie mit geöffnetem Sakko in einem Meeting oder am Schreibtisch und stehen auf, um jemanden zu begrüßen, schließen Sie Ihr Jackett. Das gebietet die Höflichkeit.

Zur **Anzughose** gehört immer die korrekte Bügelfalte. Hosen mit oder ohne Bundfalten? Das ist eine Frage der Mode. Die Saumverarbeitung ist glatt oder mit Aufschlag.

Die **Weste** ist eine Art Accessoire zum Anzug. Bedenken Sie gerade hier, wie Sie wirken möchten. Denn auch wenn rasant geschnittene Westen auf internationalen Laufstegen präsentiert werden und dort als Eyecatcher dienen, im Business wirken sie leicht bieder. Für manche Situationen mag das passend sein. Fakt ist, der gut geschnittene Anzug strahlt mehr Modernität aus ohne Weste.

Passform. Längst vergessen sind die Achtzigerjahre, als Mann in V-förmigem Jackett und konisch verlaufender Hose erschien. Der zeitgemäße Business-Anzug sieht anders aus. Sein Merkmal ist eine insgesamt schlanke Silhouette: das Sakko leicht antailliert mit mäßig unterpolsterten Schultern, die Hose in gerader Linienführung ohne überflüssige Weite.

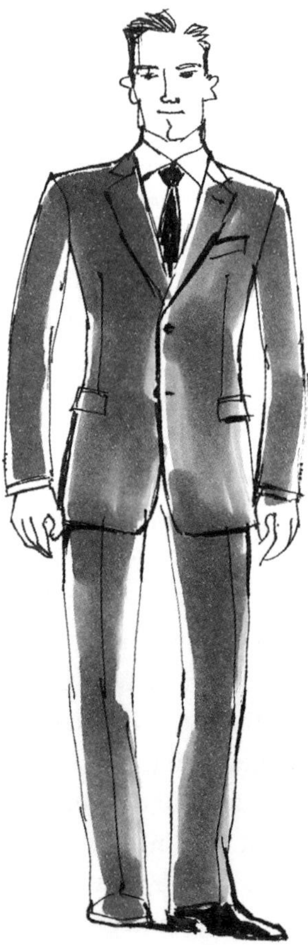

Der moderne Business-Anzug

Signifikant auch der hohe, runde Armlochverlauf: Zu tiefe Armlöcher sehen plump aus, passen nicht zur Silhouette und sind – entgegen der gängigen Meinung – unbequem. Der moderne Anzug ist in natürlicher Weise auf den Körper zugeschnitten und verzichtet auf alles Extreme, man denke nur an die überdimensionalen Schultern vergangener Tage. Revers und Kragen variieren je nach Trend. Das Gleiche gilt für die Jackenlänge. Je nach modischer Tendenz ist sie kürzer oder länger, in jedem Fall Hüfte und Gesäß bedeckend. Für die klassische Länge gilt: Bei seitlich herabhängenden Armen ruht der Jackensaum in der Beuge Ihrer Handinnenfläche.

Im Blickpunkt. In Verhandlungen mit Geschäftspartnern, wo schauen Sie hin? Ins Gesicht. Was haben Sie noch im Visier? Den Hals-, Schulter- und oberen Brustbereich. Folglich unterliegt diese Partie unserem besonderen Augenmerk. Eine gute Passform beginnt beim Reverskragen. Dieser schmiegt sich dicht um den Hals und steht niemals seitlich ab. Die Revers liegen glatt und sauber auf. Die Schulternaht verläuft in korrekter Linie zum Ärmeleinsatz. Das Rückenteil schiebt sich nicht nach oben oder bildet gar eine Falte unterhalb des Kragens. Die Armkugel ist sorgfältig in das Armloch eingenäht und wirft keine Fältchen.

Der Kragen steht ab, das Rückenteil schiebt sich nach oben (links). Optimale Passform in Hals-, Schulter- und Armbereich (rechts).

Tipp:
Der Bereich Reverskragen, Revers, Schulter und Ärmeleinsatz unterstreicht Ihre Präsenz und ist ausschlaggebend für einen positiven und souveränen Auftritt. Achten Sie auf einen korrekten Sitz.

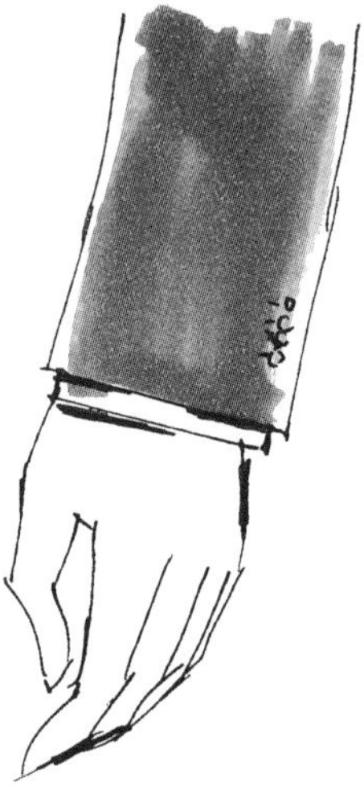

Korrekte Ärmellänge

Ärmel- und Hosenlänge. Nicht zu unterschätzen ist die passende Ärmellänge. Der Saum reicht nicht ganz bis zur Daumenwurzel, sodass die Hemdmanschette gut einen Zentimeter hervorschaut.

Und wie sieht es mit der Hose aus? Auch hier verdirbt die falsche Länge den gesamten Eindruck. Optimal ist: Die hintere Bügelfalte Ihrer Hose fällt gerade durch, ohne einzuknicken. Vorne sitzt die Hose leicht auf. Die Fersenkappe des Schuhs ist etwa zur Hälfte bedeckt. Grundsätzlich variiert die richtige Hosenlänge mit der Fußweite. Je geringer die Saumweite, desto kürzer die Hose.

Korrekte Hosenlänge

Der **Maßanzug** ist eine Alternative zur fertig konfektionierten Ware. Grundsätzlich müssen Sie dabei zwischen zwei Fertigungsarten unterscheiden: der »echten« Maßanfertigung und der Maßkonfektion.

Bei der echten Maßanfertigung wird der Anzugschnitt von Beginn an auf Ihren Körper gearbeitet. Bei dieser sehr individuellen Arbeit werden figürliche Eigenheiten natürlich genauso berücksichtigt wie Ihre stilistischen und geschmacklichen Vorlieben. Ob Reversformen, Stoffe oder Ausstattungsvarianten – um nur einige Beispiele zu nennen – Sie haben die Wahl. Zum Leistungsumfang des Maßschneiders gehören Zwischenanproben. Hier können Korrekturen vorgenommen werden. Ein Überraschungsmoment bleibt trotzdem immer, da nicht alle Kunden sich das fertige Produkt vorstellen können, und sie im Vorhinein nie wissen, ob der Schneider und sie »die gleiche Sprache« sprechen. Hier hilft nur umhören, umschauen und testen.

In der Maßkonfektion wird dagegen mit einem vorhandenen Grundschnitt gearbeitet. Darauf basierend werden bestimmte Schnittmaße auf Ihre Figur abgepasst. Stoffe und Stylingdetails können Sie auswählen. Zwischen den einzelnen Anbietern bestehen sehr große qualitative und auch preisliche Unterschiede, und die liegen – genauso wie bei der normalen Stangenware – nicht nur in der unterschiedlichen Wertigkeit der eingesetzten Waren begründet, sondern auch in der schnittlichen und verarbeitungstechnischen Qualität. Von schlechter Massenware bis zum noblen »Highend-Produkt« ist alles zu haben.

Tipp:
Wenn Sie sich für einen Maßanzug entscheiden, denken Sie immer daran: Qualität hat ihren Preis. Im Zweifel ist ein guter Anzug von der Stange besser als ein schlecht gemachtes Maßteil.

Material. Wie die Passform ist das Material ausschlaggebend für Ihren qualitätsbewussten Auftritt. Wählen Sie Stoffe, die Wertigkeit ausstrahlen, geschmeidig fallen und vor allem gemäßigt knitteranfällig sind. Vielleicht wundern Sie sich über den Begriff gemäßigt? In der Tat knittert jeder Stoff, so anspruchsvoll er auch sein mag. Es kommt immer auf das Maß an und darauf, wie schnell er sich vom Knittern erholt. Einen sehr guten Tragekomfort bieten feinfädige, hochgedrehte Wollqualitäten.

Tipp:
Sind Sie in einer konventionellen Branche tätig, so orientieren Sie sich auch im Sommer an Ganzjahresqualitäten wie leichter Wolle. Zum einen signalisiert diese Kompetenz, zum anderen knittert sie weniger als Baumwolle.

Sakko und Hose sind zu weit. Viele Männer mögen es gemütlich, auch im Business-Outfit. Natürlich sollte Kleidung nie einengen. Außerdem gilt es, ungeliebte Pölsterchen zu kaschieren. Dennoch gilt gerade hier: Verleihen Sie sich Kontur. In einem schlanken und ausgefeilten Schnitt strahlen Sie mehr Dynamik aus als in einem schlaffen, geraden Sack.

Die Hose ist zu lang. Die Stoffmenge des Hosenbeins bauscht sich über dem Schuh. Das sieht nachlässig aus. Lassen Sie Ihre Hose kürzen. Mit korrekter Hosenlänge machen Sie einen korrekten Eindruck.

Die Ärmel sind zu lang. Steht dann auch noch der Kragen ab und hängt die Schulter über, ist das Bild komplett: Das Jackett sieht insgesamt zu groß aus. Der Träger wirkt, als ob er noch in den Anzug hineinwachsen müsste. Im übertragenen Sinne impliziert das, er muss auch noch in seine Aufgaben hineinwachsen. Achten Sie deshalb immer auf ein Ihrer Figur angemessenes Längen- und Weitenmaß.

Die Kombination

Wie alles andere ist auch die Kombination bestimmten Trends unterworfen. Ihre absolute Hoch-Zeit hatte sie in den Achtzigerjahren. An der Tagesordnung waren karierte Sakkos zu unifarbenen Hosen. Das Bild veränderte sich in den Neunzigern. Plötzlich waren Anzüge »in«, und das auch außerhalb der Business-Welt. Und nach der Jahrtausendwende? Der Anzug bleibt ein Dauerbrenner, wenn auch allmählich die Kombination – natürlich in zeitgemäßer Interpretation – wieder an Terrain gewinnt.

Kombinationen als Stylingthema, das ist die eine Sache. Doch was ist in Bezug aufs Business zu beachten? Dass Sie traditionell mit dem Anzug perfekt gerüstet sind, wissen Sie. Die Kombination ist dann eine echte Alternative, wenn es in Ihrem Berufsumfeld ungezwungener zugeht und Sie den Anzug als zu steif empfinden.

Kombination heißt: Sie stellen unterschiedliche Einzelteile zusammen, die sowohl verschieden im Stoff, wie auch in der Farbe sein können. Allerdings ist im Gegensatz zum Komplettlook sehr viel mehr Fingerspitzengefühl gefragt, denn Sie müssen schon ein bisschen überlegen, was zusammenpasst.

Tipp:

Kombination ist nicht gleich Kombination. Denken Sie an den »Kompetenzgrad«. Beispiel: In einer Zusammenstellung aus Kaschmirsakko, uni Hemd und Flanellhose erscheinen Sie formeller als in einem Cordsakko zum gemusterten Hemd und zur Baumwollhose. Überlegen Sie immer, welches Erscheinungsbild in welcher Situation förderlich ist.

Jeans. Ja oder Nein – hier streiten sich die Geister. Beispielsweise sieht die Kombination Jeans, dunkles Sakko, weißes Hemd hervorragend aus. Auf der anderen Seite haben Jeans extremen Freizeitcharakter. Prüfen Sie daher ganz genau, welche Signale Sie senden möchten. Wenn Sie unsicher sind, verzichten Sie lieber darauf.

Tipp:

Sie sind sich sicher, dass Jeans in Ihr Geschäftsumfeld passen. Ein gepflegter Look ist hier besonders wichtig. Das beginnt damit, dass Sie Ihre Jeans lieber einmal mehr als einmal weniger in die Waschmaschine stecken. Vermeiden Sie außerdem ausgefranste Säume oder ausgefallene Waschungen. Die Farbe: Dunkles Denim wirkt seriöser als helles, Blue ist besser als Black.

Im Blickpunkt: Das Hemd

Es kursiert ein weit verbreiteter Irrglaube, dass das Hemd lediglich den Anzug komplettiert. In Wirklichkeit bietet das Hemd viel mehr.

Es verfeinert den Anzug, unterstützt seinen Wert und verleiht dadurch Ihrem Auftritt Format. Außerdem kann es – je nach Farbe und Muster – das gesamte Bild entscheidend verändern. Dieser Bedeutung sind sich leider nur die wenigsten bewusst. So fehlt es beim Hemdenkauf an der nötigen Sorgfalt – es werden wichtige Kriterien wie Passform, stoffliche Qualität oder bestimmte Details, die ein gutes Hemd auszeichnen, vernachlässigt.

Passform. Das zeitgemäße Business-Hemd ist angemessen »schlank« – natürlich immer passend zur Figur. Es ist körpernah geschnitten und nicht im »oversized« Format. Das bezieht sich nicht nur auf die Rumpfweite, sondern auch auf Ärmelweite und Armlochtiefe. Maßgeblich ist auch die Länge. Kennen Sie das Bild? Ein viel zu langes und weites Hemd in einer schmal geschnitten Anzughose. Durch die Falten der darunterliegenden Stoffmassen ist deren ursprüngliche Passform nur noch zu erahnen. Richtige Länge heißt: Der Hemdensaum endet in Schritthöhe.

Tipp:
Suchen Sie Ihr Business-Hemd passend zur Proportion Ihres Anzugs aus.

Zu üppig geschnitten (links) – Zeitgemäßer Schnitt (rechts)

Qualität. Ein guter Hemdenstoff bietet Vorteile in zweierlei Hinsicht. Erstens stimmt die Optik, zweitens fühlen Sie sich darin wohl. Schließlich tragen Sie den Stoff auf Ihrer Haut. Verzichten Sie auf Synthetisches. Entscheiden Sie sich für Naturfasern!

Tipp:

Setzen Sie auf Qualität, so zum Beispiel auf Vollzwirngewebe. Das heißt, in Kette und Schuss werden zwei oder mehr feinfädige Garne miteinander verdreht. Sind Oberhemden in Vollzwirnqualität gemustert, kommt außerdem das Dessin brillanter heraus.

Wie sieht es mit **elastischen Qualitäten** aus? Warum nicht. Möchten Sie »en vogue« sein, ist das gestretchte Hemd eine echte Alternative, hinzu kommt ein guter Tragekomfort. Apropos Komfort: Verzichten Sie auf bügelfreie Hemden. Vielleicht ermöglichen die allzeit glatten Stoffe Annehmlichkeiten in Sachen Pflege – mit gutem Stil haben sie jedoch wenig zu tun.

Korrekter Musterverlauf im Bereich Passe-Ärmeleinsatz

Tipp:

Achten Sie auf Feinheiten! Zum Business-Hemd gehören echte Perlmuttknöpfe und für Kragen beziehungsweise Manschetten eine Einlage mit Substanz, die weder steinhart noch zu weich ist. Darüber hinaus erfordern dessinierte Hemden einen korrekten Musterverlauf. Dass das Muster in der Front abgepasst ist, versteht sich von selbst. Aber achten Sie auch auf die Ärmeleinsatznaht: Am Übergang von Schulterpasse zur Armkugel sollten Streifen und Karos aufeinander treffen.

Kragenformen. Der **Kentkragen** mit den etwas weiter auseinanderstehenden Kragenspitzen sieht sehr edel aus und ist als »Business-Klassiker« weit verbreitet. Die extreme Ausprägung des Kentkragens ist der **Haifischkragen**. Seine Kragenschenkel bilden einen großen Winkel und bieten viel Platz für eindrucksvolle Krawattenknoten. Das typische Merkmal des **Tabkragens** ist ein kleiner Steg, der unter dem Krawattenknoten verschlossen wird. Der Knoten sitzt dadurch äußerst präzise und wird gleichzeitig besonders betont. Ein Hemd mit diesem Kragen können Sie wegen des Stegs nur mit Krawatte tragen. Am Rande sei der **Button-down-Kragen** erwähnt. Das ist die Form, deren Kragenspitzen am Hemd angeknöpft werden. Aufgrund seines sportlichen Aussehens ist er nicht für den formellen Business-Auftritt geeignet. Geht es entspannter zu, hat er durchaus seine Berechtigung.

Kentkragen, Haifischkragen, Tabkragen, Button-down-Kragen (von links nach rechts)

Im Blickpunkt. Wie Sie in Ihrem Hemd wirken, trägt maßgeblich zu Ihrem Image bei. Sensibilisieren Sie sich für ganz bestimmte Details. Signifikant für Ihr Erscheinungsbild ist der Kragen. Der Blick Ihres Gegenübers wandert dort als Erstes hin. Sitzt er korrekt, vermitteln Sie Zuverlässigkeit und Kompetenz. Worauf kommt es an? Er liegt dicht an Ihrem Hals, ohne Sie zu erwürgen – zu enge Kragen lösen nicht nur bei Ihnen, sondern auch bei Ihrem Gegenüber Atemnot aus. Im Nacken schaut er ein bis zwei Zentimeter unter dem Sakkokragen hervor. Die Kragenecken liegen auf dem Vorderteil auf, stehen also nicht ab. Biegen sich diese sogar nach oben, vermitteln Sie einen schluderigen Eindruck. Vorteilhaft für den Sitz des Kragens sind herausnehmbare Stäbchen, die richtige Einlage und eine angemessene Größe.

Ein attraktives Pendant zum Kragen ist die Hemdmanschette. Diese schaut etwa einen Zentimeter aus dem Anzugärmel heraus. Bedenken Sie, im Gespräch mit einem Geschäftspartner beeindrucken Sie durch Ihre Gestik. Die sichtbare Manschette unterstützt die Gestik und verstärkt somit Ihre Ausdrucksform. Ob Sie sich für die einfache Knopfmanschette oder für Doppelmanschetten entscheiden, kommt ganz auf Ihren persönlichen Geschmack und die Situation an. Doppelmanschetten sehen allerdings eleganter und formeller aus und bieten den nicht zu unterschätzenden Vorteil, dass Sie sich mit Manschettenknöpfen schmücken können. Sowohl für die Manschette, als auch für Knopfleiste und Kragen gilt: Die Kanten sind glatt, sauber und auf keinen Fall abgestoßen – das sieht adrett aus. Sie signalisieren Vertrauenswürdigkeit und Souveränität.

Tipp:

Häufiges Tragen und Waschen lässt Hemden verschleißen. Überprüfen Sie regelmäßig deren Zustand. Wenn nötig, sortieren Sie aus.

Die Ärmel sind zu kurz. Ein weit verbreitetes Malheur: Hemdärmel zu kurz, Sakkoärmel zu lang. Die Folge, von der Manschette ist nichts zu sehen. Ihr Business-Look wirkt unvollständig und somit nicht perfekt. Beachten Sie beim Hemdenkauf: Nach dem Waschen sind exakt passende Hemden häufig zu klein. Das Material läuft ein. Greifen Sie zu Hemden mit etwas längeren Ärmeln. Das schützt Sie vor bösen Überraschungen.

Kurzarmhemden im Sommer. Häufiges Argument dafür: »Im Sommer ist es doch so warm. Mit langem Ärmel schwitzt man eher.« Ganz im Gegenteil: Lange Ärmel in leichter Ware kühlen, sie schützen vor Hitze. Und wenn Sie schwitzen, was ist angenehmer, Baumwolle oder das Futter des Jackenärmels auf Ihrer Haut? Verbannen Sie Kurzarmhemden rigoros aus Ihrem Business-Sortiment. Die gehören in den Urlaub. Im Job sind sie ein absolutes No-Go!

Störfaktor Unterhemd

Ein Personalberater bringt eine Auswahl seiner Business-Hemden mit. Der Kunde hegt Zweifel. Sind es die richtigen Dessins, ist das Blau seines Lieblingshemdes vielleicht zu dunkel, geht Blau überhaupt? Besonders unsicher ist er sich in Sachen Passform. Also bitte ich ihn, das Hemd anzuziehen, das ihm am meisten Bauchschmerzen bereitet. Gemeinsam schauen wir es uns vor dem Spiegel an. Dessin okay, Farbe gut. Passform? Gar nicht so schlecht. In Wirklichkeit stört etwas ganz anderes: Das T-Shirt unter seinem Hemd. Es scheint viel zu weit, außerdem sieht man die kurzen Ärmel durchscheinen.

Ich bitte ihn, das Hemd noch einmal ohne T-Shirt anzuprobieren. In neuer Aufmachung betrachtet er sich im Spiegel und schmunzelt: »Das tut gut.« Es tut nicht nur gut, es ist wie ein Befreiungsschlag. Abgesehen von dem störenden Durchscheineffekt, fällt das Hemd plötzlich ganz anders. Kein Wunder, das üppige T-Shirt stoppt buchstäblich den Fall des Oberhemds. Aber das Wichtigste, der Kunde sieht insgesamt wie verwandelt aus: nicht mehr bieder wie vorher, sondern dynamisch und modern.

Unterhemd, Ja oder Nein? Egal, ob Sie ein Trägerunterhemd oder eines mit Ärmeln tragen, es stört fast immer, weil es durchscheint. Falls Sie sich ohne Unterhemd unwohl fühlen, beachten Sie Folgendes: Entscheiden Sie sich erstens für eine körpernahe Form in glatter Ware und zweitens – sprechen wir vom Trägerunterhemd – für hohe Ausschnitte im Arm- und Brustbereich. Eine gute Alternative: Hautfarbene Unterhemden, die sind nahezu unsichtbar.

T-Shirt, Polo und Strick

Haben Sie den klassischen Banker schon einmal in T-Shirt oder Pullover gesehen? Höchstwahrscheinlich nicht. In der formellen Geschäftswelt haben Jerseys und Strick nichts verloren. In weniger konventionellen Branchen kann das schon ganz anders aussehen.

Das T-Shirt. Diente das T-Shirt ursprünglich nur als Unterhemd, ist es heute fester Bestandteil der Alltagsbekleidung. Damit können Sie Ihren Anzug verjüngen oder, im Falle einer Kombination, das Einzelsakko sportiver gestalten. Wie auch immer, tragen Sie es nie ohne Jacke. Das wirkt zu salopp.

Tipp:
Achten Sie ganz besonders auf Verarbeitung und Qualität. Entscheiden Sie sich für gutes Material, wie beispielsweise mercerisierte Baumwolle. Die Ware darf nie zu sportlich und schon gar nicht verwaschen aussehen.

Das Polohemd. Besser als ein normales T-Shirt ist das Poloshirt. Durch den Kragen wirkt es förmlicher, kommt so der Optik eines Hemdes näher. Auch in diesem Fall ist das Material ausschlaggebend. Die authentische Poloshirtware ist Baumwoll-Pikee. Im Griff häufig voluminös und grob, verleiht sie dem Polohemd seine typisch sportive Optik. Im Job gilt: wenn Pikee, dann nur feinste Qualität, leicht und geschmeidig.

Tipp:
Ob T-Shirt oder Polohemd, orientieren Sie sich beim Einkauf stets an formbeständigen und soliden Waren. Dann sieht Ihr T-Shirt auch nach der zweiten Wäsche ansehnlich und nicht wie ein Lappen aus.

Strick. In unserem Kontext heißt das, Pullover oder Strickjacke unter einem Sakko. Das setzt voraus, dass die Ware fein und leicht ist. Am besten geeignet sind Merinowolle, Kaschmir, pur und in Mischung oder Zusammensetzungen mit Seide oder Baumwolle. Zur Form: Hier haben Sie die freie Wahl. V- oder Rundausschnitt, die Variante mit Polokragen oder die Strickjacke, den sogenannten Cardigan. In Kombination mit Hemd und Krawatte wirkt dieser elegant und sportlich zugleich. Welche Möglichkeiten haben Sie beim V-Ausschnitt? Entscheiden Sie selbst, mit T-Shirt wirkt er jung und sportlich, mit Hemd angezogen und formeller. Einen Sonderstatus hat der Rollkragenpullover. In dunklen Farben – besonders in Schwarz – steht er für Extravaganz und Modernität. Das ist wahrscheinlich der Grund dafür, dass er gerade in kreativen Branchen so beliebt ist.

Tipp:
Sie probieren ein neues Strickteil an. Überprüfen Sie dessen Weite und Länge. Großraumpullover passen nicht in unsere Zeit und schon gar nicht unter Ihre Jacke.

Der Mantel

Verzichten Sie auf die sportive Jacke zum Business-Anzug. Was in Italien selbstverständlich und gekonnt aussieht, wirkt hierzulande schnell daneben. Tragen Sie einen Mantel! Als Kleidungsstück spielt er eine Statistenrolle, dient er doch lediglich als Schutz vor Kälte. Aber Vorsicht! Denken Sie an den viel zitierten ersten Eindruck, vermitteln Sie den häufig nicht schon im Mantel?

Wie sieht er nun aus, der perfekte Business-Mantel? Zunächst einmal »neuzeitlich«. Nicht selten herrscht die irrige Meinung, einen Mantel nur dann wechseln zu müssen, wenn er abgetragen ist. Dementsprechend sieht er dann auch aus, wie ein Relikt aus längst vergangenen Zeiten. Zu lang, zu üppig, etwas traurig und ganz schön bieder. Ein zeitgemäßer Mantel ist kurz und schlank – damit signalisieren Sie Entschlossenheit und Tatendrang. Zeigen Sie also Profil! Entscheiden Sie sich für eine Silhouette mit Pfiff.

Slipon, Kurzmantel mit Revers (von links nach rechts)

Formen. Typischer Vertreter ist der **Slipon**. Im Ursprung ist das ein Mantel mit Umlegekragen, verdeckter Knopfleiste und Raglanärmel. Viele Modelle im Sliponstil sind modifiziert in Verschluss oder Ärmeleinsatz. So kommt er in Wolle häufig mit eingesetztem Ärmel vor. Empfehlenswert für die offizielle Business-Kleidung ist der **Kurzmantel mit Revers**. Wirkt der Sliponmantel legerer, erscheint dieses Modell durch seine stilistische Anlehnung an den Anzug formeller.

Tipp:

Greifen Sie bei der Wahl Ihres Mantels zu Naturfasern, das ist im Frühjahr/Sommer Baumwollgabardine oder -popeline, im Herbst/Winter Schurwolle oder Kaschmir.

Perfekt auftreten im Business-Schuh

Gerade bei Männern haben Schuhe leider »Stiefkindstatus«, nach dem Motto: »Die sind nur Nebensache, da unten guckt ja eh keiner hin.« Falsch: »Oben und Unten«, gemeint sind Haare und Schuhe, bestimmen entscheidend den ersten Eindruck. Das hat einen tieferen Ursprung. Wir sind gewöhnt, in Grenzen zu denken und auch wahrzunehmen. Begegnen wir jemandem, scannen wir ihn blitzschnell mit unseren Augen ab. Definierte und dadurch besonders wichtige Punkte sind die Haare als obere und die Schuhe als untere Begrenzung. Zu den Haaren kommen wir in einem späteren Kapitel. Im Folgenden widmen wir uns dem Schuh.

Derby mit offener Schnürung, Oxford mit geschlossener Schnürung (von links nach rechts)

Er ist die Bekleidung für Ihren Fuß. Er schmückt ihn, in erster Linie aber schützt er ihn. Sie sind ein ganzes Leben lang unterwegs auf Ihren Füßen. Versteht es sich da nicht von selbst, diese in besonderer Weise zu würdigen? Räumen Sie daher Ihren Schuhen eine Sonderposition ein. Entscheiden Sie sich für Qualität. Das bezieht sich auf die Passform für Ihr persönliches Wohlempfinden, aber auch auf Material und Design, um Ihrer Position im Berufsleben gerecht zu werden.

Design. Die wichtigsten Modelle und ihre Charakteristika: Ein absoluter Klassiker ist der **Oxford**. Typisch für diesen Schuh ist die »geschlossene Schnürung«, das heißt, die für die Schnürung verantwortlichen Seitenteile sind unter das Vorderblatt genäht – als Vorderblatt bezeichnet man den vorderen Teil des Schuhs. Mit Sicherheit ist der Oxford der formellste Business-Schuh. Haben Sie keine Lust auf Experimente, liegen Sie hier genau richtig. Dem gegenüber steht der **Derby**, die Form mit der

»offenen Schnürung«. Die Verschlussteile liegen auf dem Vorderblatt auf und sind dadurch flexibler beim Öffnen. Schuhe dieses Typs sehen etwas sportiver aus, sind aber absolut businesstauglich.

Brogue nennt man den Schuh mit Lochmuster. Er tritt sowohl mit offener als auch mit geschlossener Schnürung auf. Je nachdem, wie aufwendig die Verzierung ist und welches Leder verarbeitet wird, wirkt der Brogue feiner oder rustikaler. Der **Loafer** ist das Modell zum Reinschlüpfen und wirkt dadurch legerer als ein Schnürschuh. Abschließend sei der **Monk** erwähnt. Die Schnürung wird hier durch eine Schnalle ersetzt. Als extravaganteste Variante unter den Business-Schuhen ist er geeignet für Manager, die ihre persönliche Note unterstreichen möchten.

Brogue, Loafer, Monk (von links nach rechts)

Tipp:
Unterschiedliche Modelle senden unterschiedliche Botschaften aus. Doch nicht nur das Modell ist ausschlaggebend, auch die Machart spielt eine Rolle, so zum Beispiel die Sohlenstärke oder die Beschaffenheit des Leders. Seien Sie sich dessen bewusst und überprüfen Sie, welcher Schuh am besten zu Ihnen und zu Ihrem Business passt. Vermeiden Sie auf jeden Fall zu derbe und sportliche Schuhe.

Zierliche Schuhe

Unternehmensberater, von stattlicher Statur, bringt unterschiedliche Schuhe mit. Gleich zu Beginn bemerkt er, Schuhe seien sein Steckenpferd. Als er sie auspackt, gleicht das einem Ritual. Paar für Paar reiht er behutsam nebeneinander auf und schwärmt: »Ich finde, Schuhe dürfen auf keinen Fall zu klobig sein.« Dennoch schwingt ein Hauch von Unsicherheit mit. Wir wählen ein Paar aus und ich frage ihn: »Wie empfinden Sie die Proportion, Schuhe zum Anzug?« Er betrachtet sich im Spiegel und überlegt einen Moment: »Irgendwas ist unstimmig. Viel Anzug und wenig Schuh. Sind die Schuhe etwa zu klein?«

Im Verhältnis zu seiner sonstigen Figur hat der Kunde kleine Füße. Die betont er zusätzlich durch einen zierlichen Schuh: schmaler Schnitt, dünne Sohle, sehr weiches Leder. Ich demonstriere ihm an einem Muster, was er künftig beachten sollte, nämlich eine stabilere Form und festeres Material. Insgesamt sollte der Schuh weniger filigran aussehen. Er erkennt, nur ein »gewichtiger« Schuh bietet seiner kräftigen Statur Paroli und sorgt für eine ausgeglichene Proportion.

Material. Leder ist Pflicht, auch für die Sohle! Aber Vorsicht, denn bei Leder gibt es enorme Qualitätsunterschiede. Da es gar nicht so einfach ist, gutes Leder zu erkennen, orientieren Sie sich an Markennamen. Das gibt Ihnen Sicherheit.

Zu wertigem Material wie beispielsweise edlem Kalbs- oder Pferdeleder gehört natürlich auch eine hochwertige Verarbeitung. Rahmengenähte Schuhe bieten in der Regel beides. Seinen Namen hat der Rahmengenähte durch einen um den Schuh laufenden Lederstreifen, den Rahmen. Dieser wird mit Schaft und Brandsohle vernäht. Als »Schaft« bezeichnet man das Schuhoberteil, als »Brandsohle« die Innensohle des Schuhs. Rahmengenähte Schuhe sind besonders formstabil und zeichnen sich durch ihre Langlebigkeit aus.

Konfektion oder nach »Maß«. Mit dem handgemachten Schuh erfüllen Sie sich einen persönlichen Luxus, der sich in der Geschäftswelt bezahlt machen kann: Handwerkliche Verarbeitung, perfekte Passform, ein außergewöhnlicher Tragekomfort und nicht zuletzt die lange Haltbarkeit. In entsprechenden Preislagen bietet Ihnen allerdings auch der Konfektionsschuh beachtlichen Komfort, auch wenn ihm der Aspekt des Handwerklichen fehlt. Konfektioniert oder nach Maß, letztendlich ist das immer eine Frage Ihres persönlichen Budgets und Anspruchs.

Tipp:
Gute Schuhe sind leider teuer. Sparen Sie allerdings nicht an dieser Stelle, denn Sie wissen ja, wie wichtig gerade der Schuh für Ihr Image ist.

Die Farbe des Schuhs. Perfekt sind Schwarz oder Dunkelbraun. Brauner Schuh zum grauen Anzug? Sieht toll aus, setzt allerdings modisches Verständnis und Stilempfinden voraus … nicht nur Ihr eigenes, sondern auch das Ihrer Umgebung. Im Zweifel liegen Sie mit Schwarz immer richtig, denn der schwarze Schuh passt zu allen Business-Farben, auch zu Dunkelbraun. Und bei offiziellen Anlässen beziehungsweise Abendveranstaltungen ist Schwarz sowieso die richtige Wahl.

Pflege. Wie gesagt, gute Schuhe sind nicht billig. Entsprechend sollten Sie sie pflegen. Das optimiert nicht nur die Optik, sondern gewährleistet eine lange Lebensdauer. Was gehört zur guten Pflege? Sie beginnt beim Anziehen. Verwenden Sie stets einen Schuhlöffel. Schlüpfen Sie ohne in den Schuh, belastet das die Fersenkappe. Lassen Sie Ihre Schuhe nach dem Tragen mindestens einen Tag ruhen. Der Grund: Während des Tragens transpirieren Ihre Füße. Der Schuh nimmt die Feuchtigkeit auf und benötigt zum Ausdünsten eine Tragepause. Verwenden Sie hierfür immer Holzspanner. Legen Sie diese jedoch nie zu stramm ein, denn sie sollen den Schuh nicht spannen, sondern lediglich in Form halten. Aber was nützt Ihnen die gute Form, wenn der Schuh nicht geputzt ist? Ungepflegte Schuhe sehen wenig vertrauenswürdig aus. Das Procedere ist ganz einfach: Entfernen Sie zunächst den Schmutz, sonst wird dieser beim Eincremen fixiert. Meistens genügt leichtes Abbürsten oder Abwischen mit einem feuchten Lappen. Tragen Sie dann die Creme mit Tuch oder Bürste auf. Kurz einwirken lassen und anschließend polieren. Verwenden Sie dazu ein weiches Tuch oder eine Rosshaarbürste.

Tipp:
Vergessen Sie beim Putzen nie Sohlenkante und Absatz. Sehen diese schäbig aus, nützt Ihnen der saubere Rest nur wenig.

Tipp:

Durchnässte Schuhe? Stopfen Sie die Schuhe mit Zeitungspapier aus, und legen Sie sie auf die Seite, damit die Sohle besser trocknen kann. Forcieren Sie nie den Trocknungsvorgang, indem Sie Ihre Schuhe in die Nähe einer Heizquelle stellen. Das Leder wird sonst brüchig.

Die Strümpfe zum Schuh

Wählen Sie Strümpfe, die weder rustikal dick, noch transparent dünn sind. Am besten Naturfasern, Wolle oder Baumwolle. Wenn Synthetik-Anteil, dann einen geringen. Das Muster: Greifen Sie zu Uni, gemusterte Strümpfe sind im Job fehl am Platz. Die Farben: Gleichen Sie die Farbe des Strumpfes der Hosen- oder Schuhfarbe an. Da der Business-Schuh schwarz oder mokkafarben ist, liegen Sie mit neutralen dunklen Tönen wie Schwarz, Dunkelgrau oder Dunkelbraun richtig.

Die häufigsten Fehler

Die Strümpfe sind zu kurz. Die Folge: Im Sitzen werden Ihre Beine sichtbar. Nackte Beine gehören nicht in die Geschäftswelt. Tragen Sie daher Kniestrümpfe. Diese bieten Ihnen größtmögliche Sicherheit.

Nackte Beine gehören nicht ins Business

Abgelaufene Absätze. Ein absoluter Fauxpas. Sie erinnern sich, Ihr Schuh ist ein Wertsymbol. Passt dazu ein abgelaufener Absatz? Gewiss nicht. Der hinterlässt keinen guten Eindruck und signalisiert: Sie sind unordentlich und nehmen Ihre Aufgaben nicht ernst.

Zu billige Schuhe. Ist der Anzug noch so schön, ein schlechter Schuh mindert erheblich seinen Wert. Investieren Sie in Schuhe, dadurch gewinnt Ihre gesamte Erscheinung.

Sicher umgehen mit Accessoires

Vermeintlich spielen sie auf einem Nebenschauplatz. In Wahrheit geben Accessoires dem Look den Biss, machen das Outfit erst lebendig. Und im Job? Da spielen sie eine ganz besondere Rolle. Schließlich dienen sie dazu, Ihre Grundausstattung zu veredeln. Also schauen Sie genauer hin. Wer auf Accessoires Wert legt, beweist echtes Stilempfinden.

Krawatte, Schleife, Einstecktuch

Die Krawatte ist das wohl schillerndste Accessoire der männlichen Garderobe. Sie ist ein echtes »Schmuckstück«. Mit ihr bekennen Sie Farbe! Nicht nur, weil Sie damit Ihren Anzug »kolorieren« können. Nein, Sie bringen Ihren ganz persönlichen Geschmack auf vielfältige Art zum Ausdruck, ob in der Wahl des Materials, des Musters, oder durch die Art, wie Sie einen Knoten binden. In der offiziellen Geschäftswelt scheint die Krawatte unentbehrlich. Kein Wunder, symbolisiert sie doch Korrektheit und Seriosität. Nicht zuletzt steigert sie Ihre persönliche Präsenz.

Form. Die Krawatte, wie wir sie heute kennen, ist circa 145 Zentimeter lang, ihre breiteste Stelle beträgt um die neun Zentimeter – sie variiert je nach Modetrend. Der Stoff wird schräg verarbeitet, das heißt in einem Winkel von 45 Grad zur Webkante. Das ist von Vorteil für den Fall. Zudem lässt sie sich leichter binden, beim Knoten entstehen keine Knitterfalten.

Material. An erster Stelle steht reine Seide, sie wirkt edel und elegant. Farben und Muster kommen besonders brillant zur Geltung. Hinzu kommt der dezente Glanz. Damit setzen Sie Ihrer ansonsten matten Geschäftskleidung einen reizvollen Kontrast entgegen. Eine Alternative zur Seide bieten Wolle oder Kaschmir. Indessen ist Synthetik ein absolutes Tabu.

Tipp:
Sie erinnern sich. Die Krawatte ist ein »Schmuckstück«. Setzen Sie daher auf Marken! Gute Namen stehen in der Regel für gute Qualität und gutes Design.

Muster. Eine Vielzahl attraktiver Dessins steht Ihnen zur Verfügung. Hier können Sie schwelgen. Ein Klassiker ist der Streifen. Beachten Sie dabei die Richtung. Aus der Sicht des Betrachters steigt er traditionell von links nach rechts. Daneben sind Tupfen, Paisleys und dezente Karos möglich, je nachdem, was gerade im Trend liegt. Oder Sie entscheiden sich für Uni. Die edle »Einfarbige« steht für Stil. Denken Sie nur an die alten Filme, sah Cary Grant nicht äußerst distinguiert mit seiner silbergrauen Krawatte aus?

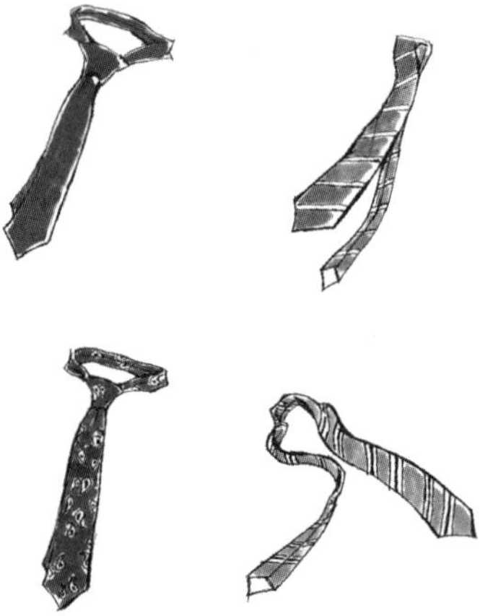

Gute Business-Dessins: Uni, Streifen, Paisley

Tipp:
Vorsicht bei den Mustern. Poppige oder witzige Motive gehören nicht auf Business-Krawatten. Geben Sie den Klassikern immer den Vorzug.

»Laute« Krawatten

Immobilienmakler, Mitte dreißig, ist in puncto Krawatte unsicher. Er ist sich ihrer Bedeutung wohl bewusst, weiß allerdings nicht genau, wie sie aussehen soll. Während er auspackt, bekennt er: »Ich liebe kräftige

Farben, deshalb kaufe ich gerne lebhafte Krawatten.« Dementsprechend gleicht seine mitgebrachte Sammlung einem Feuerwerk von leuchtenden Tönen, die Krawatten erstrahlen in Gelb, Orange, Grün et cetera. Vor dem Spiegel hält er einige an sein Hemd und fragt: »Wie finden Sie die Krawatten? Sind sie zu laut?« In der Tat, sie sind viel zu laut.

Ich erkläre ihm, worauf er achten sollte, nämlich auf Farben, die dem Auge guttun und es nicht »belästigen«. Sie dürfen durchaus satt sein, aber niemals grell. An einem Muster demonstriere ich ihm, was ich meine. Die Krawatte ist in den Farben Creme, Moos und Violett gestreift. »Schauen Sie sich diese Farbtöne an, ihre sanfte Intensität und die Art, wie sie zusammengestellt sind.« Nach anfänglicher Skepsis wird ihm bewusst, weshalb derartige Farben besser sind. Sie strahlen sehr viel Kraft aus, steigern seine Präsenz und das, ohne auch nur in geringstem Maße aufdringlich zu sein.

Der Krawattenknoten. »Eine gut gebundene Krawatte ist der erste ernste Schritt im Leben«, bemerkte bereits Oscar Wilde vor über 100 Jahren. Damals wie heute steht er im Blickpunkt: der Krawattenknoten. Eine Vielzahl unterschiedlicher Bindetechniken steht Ihnen zur Verfügung, zwei davon greifen wir heraus. Bindetechnisch ist der **Four-in-hand** der einfachste Knoten. Sein Merkmal: Er sieht leicht asymmetrisch aus. Wegen seiner unkomplizierten Handhabung können Sie ihn ausgezeichnet in unterschiedlichen Materialien einsetzen. Zudem passt er zu den meisten Kragenformen.

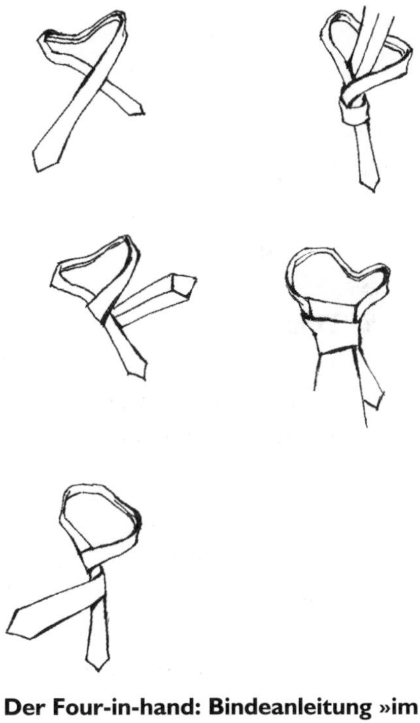

Der Four-in-hand: Bindeanleitung »im Spiegelblick«

Aufwendiger ist der **Windsor-Knoten**. Sein Volumen resultiert aus der speziellen Art, in der er gebunden wird. Der Vorteil des Windsor-Knotens: Er sitzt sehr korrekt und wirkt dadurch formeller als der Four-in-hand.

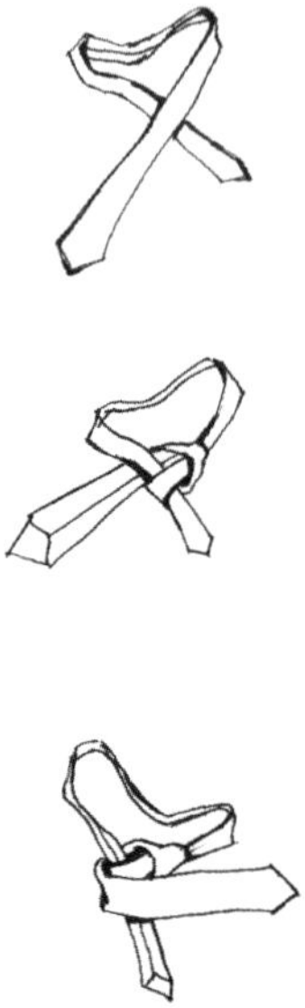

Der einfache Windsor-Knoten: Bindeanleitung »im Spiegelblick«

Tipp:
Ihre Krawatte ist fast fertig gebunden. Verfeinern Sie, indem Sie direkt unter dem Knoten eine kleine Falte legen. Die Krawatte sieht sofort nach »mehr« aus. Ihr Look ist perfekt.

Lagerung. Der Geschäftstag ist zu Ende. Entspannung ist angesagt. Ihre erste Handlung, runter mit der Krawatte … und was passiert dann? Hängen Sie die Krawatte nie mit gebundenem Knoten in den Schrank. Auf die Dauer hinterlässt das üble Falten. Lagern Sie sie liegend oder aufgerollt. So erholt sie sich schnell von Knittern. Falls nicht, hilft kurzes »Dämpfen«, wohlgemerkt kein Bügeln. Der

Unterschied: Beim Dämpfen berührt Ihr Bügeleisen die Krawatte nicht, es ist lediglich ein leichter Dampfstrahl, der glättet. Einfach glattbügeln, heißt »platt«bügeln. Doch das tun Sie Ihrer Krawatte bitte auf keinen Fall an.

Krawattenspange. Ja oder Nein? Grundsätzlich erfüllt sie ihren Zweck, da sie die Krawatte am Hemd fixiert. Ihr Nachteil. Derzeit ist sie out. Haben Sie ein Faible für dieses Schmuckdetail, warten Sie lieber ab, bis es wieder in Mode kommt.

Männer, die ihre Besonderheit herausstellen möchten, greifen gern zur **Schleife** als persönliches Markenzeichen. Dagegen ist nichts einzuwenden, doch im »normalen« Berufsalltag wirkt sie sehr schnell exaltiert.

Nach langer Zeit im modischen Aus ist das **Einstecktuch** wieder ein Thema. Zum Anzug mit Krawatte sieht es elegant und formell aus. Zum lässigeren Einzelsakko setzt es einen reizvollen Kontrast. Dennoch wirkt es häufig übertrieben. Überprüfen Sie daher, ob und wann es zur Situation passt. Sie können das Einstecktuch auf unterschiedliche Weise tragen. Entweder sind zwei Ecken sichtbar, nur eine schmale Kante, oder es bauscht sich aus der Brusttasche. Für gemusterte Einstecktücher gilt: nie im gleichen Dessin wie die Krawatte.

Die häufigsten Fehler

Die Krawatte ist zu lang oder zu kurz gebunden. Sie sitzen im Meeting, Ihnen gegenüber ein Kollege mit einer viel zu lang gebundenen Krawatte. Das wirkt albern. Gleiches gilt für eine zu kurze Krawatte. Richtig gebunden endet die Krawattenspitze auf Höhe der Gürtelschließe.

Der Krawattenknoten sitzt nicht korrekt. Der oberste Knopf des Hemdes ist geschlossen, und doch ist die Krawatte nicht exakt bis zum Hals angeschoben. Das wird als Nachlässigkeit interpretiert. Überprüfen Sie zwischendurch, ob sich der Knoten gelöst hat. Wenn ja, ziehen Sie nach.

Die Krawatte wird gebunden im Schrank verstaut. Ein leider häufiges »Vergehen«. Wie Sie es richtig machen, ist oben beschrieben.

Uhr und Manschettenknöpfe

Wie viel Schmuck dürfen Männer tragen? Dafür gibt es keine Regeln, schauen Sie sich nur mal in der Medienwelt um. Insbesondere Künstler und Popstars schmücken sich mit allerlei fantasievollem »Geschmeide«. Mit der formellen Geschäftswelt hat das allerdings nichts zu tun. Hier gilt: Beschränken Sie sich auf das Mindestmaß. Ohrring und Armband werden als unseriös angesehen. Die schlichte Kette mit Anhänger ist erlaubt, doch unter Hemd und Krawatte ohnedies nicht sichtbar. Als Ring tut es der Ehering. Was bleibt? Die Schmuckstücke, mit denen Sie bedenkenlos glänzen: Uhr und Manschettenknöpfe.

Der Chronograf

Die Uhr. Mit der Uhr vermitteln Sie Ihrem Gegenüber Exaktheit und Verlässlichkeit. Sie ist das Symbol für Zeit und signalisiert, dass Sie als Person präzise agieren. Doch eine Uhr ist mehr als ein Zeitmesser. Sie fungiert als Zweckgegenstand, Schmuckstück, Stilmittel und Prestigesymbol in einem. Sie ist ein Meisterstück, vereint auf einzigartige Weise formvollendetes Design und technische Tradition. Doch wie sieht sie aus, die Uhr mit Business-Klasse? Rund oder eckig, das hängt von Ihrem persönlichen Geschmack ab. Genauso wie die Frage, ob Sie es lieber schlicht oder technisch mögen. Für viele kommt allein der Chronograf mit der für ihn typischen Stoppfunktion infrage. Andere mögen dezente Klassiker, vielleicht mit Retro-Flair. So oder so, als Ausdruck Ihres persönlichen Stilempfindens sollte Ihre Uhr eines unbedingt ausstrahlen und das ist Wertigkeit.

Tipp:
Achten Sie auf die Größe Ihrer Uhr. »Zarte« Modelle scheinen am kräftigen Handgelenk ebenso schnell unproportioniert wie »klobige« Uhren am zierlichen Gelenk. Vermeiden Sie außerdem extrem sportliche oder protzige Uhren. Für die Geschäftsbeziehung kann letzteres sogar ein Killer sein.

Uhrband und Gehäuse. An erster Stelle steht das Lederband. Die Farben? Edel wirken Schwarz oder tiefes Braun. Doch denken Sie daran, dass Schuhe und Uhrband farblich harmonieren. Da der schwarze Schuh unentbehrlich ist, liegen Sie folglich mit schwarzem Band immer richtig. Und Metallbänder? Diese wirken meistens sportlicher als ein Lederband und sind insofern nur bedingt businesstauglich. Zum Gehäuse: Gold heißt Hochwertigkeit. Symbolisch ist es die Farbe der Beständigkeit. Beides spricht dafür, dass Gold perfekt ins Business passt. Und doch hat silberfarbenes Metall einen nicht von der Hand zu weisenden Vorteil. Silber steht für Funktionalität. Zudem strahlt die Farbe Silber wesentlich mehr Modernität aus. Denken Sie an Armbanduhren mit Edelstahlgehäuse. Wirken sie nicht wesentlich »rasanter« als Uhren in Gold?

Tipp:
Lederbänder verschleißen relativ schnell, ob durch mechanische Beanspruchung oder Schweiß. Überprüfen Sie regelmäßig den Zustand Ihres Armbands. Wenn nötig, ersetzen Sie es durch ein neues.

Manschettenknöpfe. Sie halten die Doppelmanschette zusammen und sind gleichzeitig Zierde. Manschettenknöpfe kommen in unterschiedlicher Ausführung vor: Entweder sind zwei Schmuckknöpfe durch einen Steg oder eine Kette miteinander verbunden, oder es handelt sich um einen Schmuckknopf mit Metallsteg und Knebel. Sie können unter einer Fülle unterschiedlichster Formen und Materialien wählen. Manschettenknöpfe sind oval, rund oder eckig. Das Material reicht von Silber über Weißgold und Gold bis hin zu Platin. Als Schmuckelement dienen unter anderem Perlmutt oder Edelsteine.

Brille und Sonnenbrille

Längst ist die **Brille** kein reines Sehinstrument mehr. Sie ist ein modernes Stilmittel und als solches prägendes Element Ihrer Selbstinszenierung. Doch wie weit darf diese im Berufsleben gehen? Nur so weit, dass Ihre Glaubwürdigkeit als fachlich kompetenter und seriöser Geschäftspartner erhalten bleibt. Dazu passt eine Brille in anspruchsvoller Qualität und klarem Design. Bestimmend sind Form und Material.

Eckig, oval oder rund, groß oder klein, die **Form** wechselt, je nachdem, was angesagt ist. Entscheiden Sie sich für zeitgemäße Modelle, ohne modisch zu überzeichnen. Eine entscheidende Rolle spielt natürlich Ihre Gesichtsform. Diese können Sie durch die entsprechende Brille harmonisieren. Beispiel: Wirkt ein langes Gesicht mit schmalen, in die Breite gezogenen Gläsern noch länger, wird die Länge durch eine gleichmäßig proportionierte, größere Brille kompensiert. Oder: Sie haben ein rundes Gesicht, dem Sie mit einer eckigen Brille mehr Kontur verleihen. Umgekehrt gleichen Sie die kantige Gesichtsform mit ovalen Gläsern aus.

Doch Vorsicht! Mit der Brille unterstreichen Sie Ihren Charakter. Zuviel Harmonie kann langweilig sein. Warum also die energische Ausstrahlung Ihres kantigen Gesichts nicht durch eine eckige Brille forcieren? Vielleicht ist gerade das hilfreich im Job.

Tipp:

Überprüfen Sie regelmäßig den Aktualitätsgrad Ihrer Brille. Auch wenn Sie ansonsten ansprechend gekleidet sind, das Brillenmodell »von gestern« beeinträchtigt den gesamten Look.

Das Material. Was möchten Sie mit Ihrer Brille ausdrücken? Ist sie nur Mittel zum Zweck und soll demzufolge »unsichtbar« sein, oder möchten Sie ein Statement setzen? Unauffällig wirken randlose Modelle oder schmale Metallfassungen, klassisch in Silber oder Gold. Dagegen setzen Sie mit dunklem Gestell aus Kunststoff einen bewussten Akzent. Das kann von Vorteil sein. Beispiel: Sie haben ein weiches Gesicht. Eine dunkle Fassung wirkt strenger und erhöht somit Ihre Kompetenzwirkung.

Tipp:
Fassungen in leuchtenden Farben sind vielleicht peppig, im Berufsalltag strahlen sie jedoch wenig Ernsthaftigkeit aus. Greifen Sie zu den klassischen Tönen wie Braun, Schwarz oder Grau. Soll es Farbe sein, wählen Sie gedeckte Farben wie Bordeaux oder dunkles Oliv.

Mehr als die normale Brille ist die **Sonnenbrille** ein modisches Accessoire. Beweisen Sie auch hier Zeitgeist, doch orientieren Sie sich an den Klassikern. Exaltierte Formen passen nicht ins Business-Umfeld.

Tipp:
Wie bereits erwähnt, schadet zuviel Selbstdarstellung Ihrem Image im Geschäftsleben. Wenn Sie ein Gebäude betreten, legen Sie Ihre Sonnenbrille ab. Im geschlossenen Raum strahlt diese vielleicht Coolness aus, dafür aber umso weniger Seriosität.

Der Gürtel

Für viele Männer ist der Gürtel lediglich Mittel zum Zweck. Doch in Wirklichkeit ist er sehr viel mehr. Er dient als Dekoration und erfordert demzufolge ein feines Gespür für Ästhetik und Qualität. Trennen Sie sich also von der Vorstellung, der Gürtel sei ein reiner

Zweckgegenstand und räumen Sie ihm die Bedeutung ein, die ihm zukommt.

Dabei sollten Sie ein paar Dinge beachten. Als Erstes die Länge. Die ist richtig, wenn Sie den Gürtel im mittleren Loch schließen. Ferner die Breite. Ein gutes Maß sind 3,5 Zentimeter. Eine gute Lederqualität, wie zum Beispiel feines Kalbsleder, versteht sich von selbst. Die Farbe passen Sie der Ihrer Schuhe an. Zuletzt die Schließe. Sie ist die Verzierung des Gürtels. Geben Sie Ihr »Gewicht«. Ein zu leichtes Metallteil mindert die Optik. Und die Farbe? Silberne Schließen sind besser als messingfarbene. Sie wirken nicht nur moderner, sie strahlen auch mehr Dynamik aus.

Tipp:

Vorsicht, wenn die Hose im Bund zu weit ist. Schnüren Sie diese nicht mit Ihrem Gürtel zusammen. Lassen Sie lieber die Hose ändern.

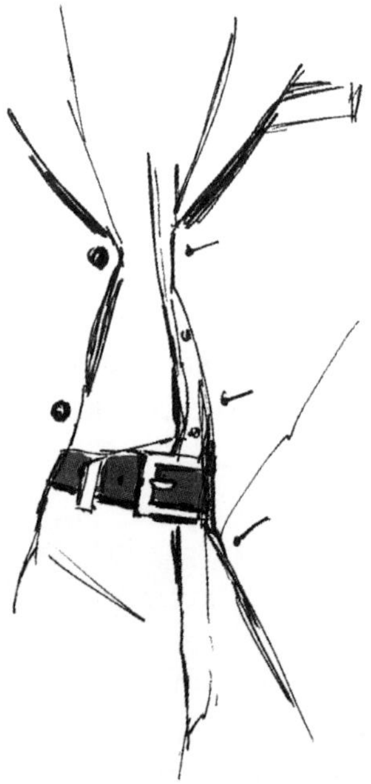

Der Gürtel komplettiert den Look

Aktentasche, Timer, Schreibgerät

Anzug, Hemd, Gürtel, Schuhe, alles perfekt … nur die **Aktentasche** lässt zu wünschen übrig. Schlechtes Leder, minderwertige Beschläge, das Design stammt von vorgestern. Schade, mit Ihrem übrigen Outfit haben Sie sich soviel Mühe gegeben, doch die schäbige Tasche macht alles kaputt. Man hat den Eindruck, sie ist reines Transportmittel, also nicht mehr als ein notwendiges Übel. Zugegeben, bei einer Tasche spielt der Aspekt »Funktion« eine große Rolle. Doch Funktion schließt Ästhetik und gutes Design nicht aus.

Behalten Sie immer im Auge, dass Sie sich im Geschäftsleben in Ihrer gesamten Erscheinung präsentieren. Dabei spielt die Tasche eine nicht unerhebliche Rolle. Woran das liegt? Sie ist ein Accessoire aus Leder. Mit Leder assoziieren wir Wertbeständigkeit. Insofern symbolisiert eine wertige Tasche – genau wie Schuhe und Gürtel – ganz besonders Ihren Anspruch an Qualität. Achten Sie daher auf gute Verarbeitung und gutes Material.

Sie gehören zu der Spezies, die den **Timer** aus Papier und Leder der Hightech-Version vorzieht? Wie oben gilt: Qualität ist Pflicht.

Tipp:

Materialbedingt bilden Aktentasche, Schuhe, Gürtel und Uhr eine Einheit. Konzeptionieren Sie Ihr Sortiment so, dass es in Metall- und Lederfarbe zusammenpasst.

Schön, wenn Sie sich über den Werbekugelschreiber Ihrer Lieblingsfirma freuen. Für das Managementmeeting lassen Sie ihn weg. Zeigen Sie auch hier Format. Entscheiden Sie sich für ein Ihrer Position angemessenes **Schreibgerät**. Ob Kugelschreiber oder Füllfederhalter, komplettieren Sie Ihr Outfit auf stilvolle Art und Weise.

Stoffe und Kompetenzwirkung

Sie kommen zum Herrenausstatter, da hängen sie alle in Reih und Glied, die grauen Anzüge. Insgesamt empfinden Sie dieses Bild als ziemlich monoton ... wäre da nicht ein Anzug, der Ihnen sofort ins Auge sticht. Sie spüren förmlich, dass es sich um einen »edlen Zwirn« handelt. Was aber sind dessen Merkmale und weshalb signalisiert dieser Kompetenz?

Fein versus grob. Feinfädige, fein gewebte Waren stehen für Kompetenz. Ihre Kennzeichen: Sie sind glatt, überzeugen durch geschmeidigen Fall und einen edlen Lüster. Demgegenüber fallen grobe Anzugstoffe »ungelenk«, ihre Oberfläche fühlt sich stumpf oder rau an. Solche Qualitäten wirken weniger hochwertig, auf alle Fälle sportlicher oder sogar rustikal. Doch mit dem Wert des Materials bringen Sie auch den Wert Ihrer Fähigkeiten zum Ausdruck. Mit welchem Stoff schneiden Sie demnach besser ab? Bei vielen Anzügen ist die Qualität des verwendeten Materials mit Etiketten wie »Super 100's« oder »Super 120's« und höheren Angaben deklariert. Die Zahl hängt mit der Feinheit der Fasern zusammen: Je höher die Zahl, umso feiner die Faser und umso hochwertiger das Material.

Tipp:

Achtung bei extrem leichten und feinen Stoffen. Zwar fühlen sich diese an wie »Sahne« und das ist fürs Prestige von Vorteil. Doch was ist mit dem Tragekomfort? Sie sind oft zu fließend, haben nicht genügend Stand. Die Bügelfalte der Hose, die für das korrekte Aussehen so wichtig ist, hält nicht lange. Die Silhouette verschwimmt. Greifen Sie daher zu Stoffen, die zwar fein sind, doch gleichzeitig noch »Griff« haben.

Uni versus gemustert. Sind Sie ein Fan von unifarbenen Anzügen? Herzlichen Glückwunsch, Sie liegen immer richtig, es sein denn, Sie wählen die falsche Farbe ... doch dazu später mehr. Neben Uni ist der Nadelstreifen absolut businesstauglich. Er hat einen hohen Kompetenzgrad. Woher kommt das? In ihrer Gradlinigkeit suggerieren Streifen Korrektheit, passen folglich hervorragend ins Berufsumfeld. Neben den Klassikern können es auch modifizierte Streifen sein. Daneben bieten sich Minimaldessins an – gemeint sind kleine Musterungen mit Uni-Charakter. Was sollten Sie vermeiden? Signifikante Muster, wie zum Beispiel große Karos. Diese untergraben Ihre Seriosität.

Business-Look: Uni, modifizierter Streifen, Nadelstreifen, Minimaldessin (von links nach rechts)

Streifen mit Pep

Ein Unternehmer findet seine Anzüge im Großen und Ganzen okay, doch es stört ihn, dass sie alle gleich aussehen. »Um mein Sortiment ein bisschen aufzupeppen, habe ich mir einen gestreiften Anzug gekauft. Anfangs war ich total begeistert, habe den Anzug dann auch gleich angezogen. Doch mittlerweile fühle ich mich darin unwohl.« Den

Anzug hat er mitgebracht. Mir ist klar, warum sich der Kunde nicht wohl darin fühlt. Ich zeige ihm einige Dessins aus unserem Fundus, »diskrete« Streifenvarianten auf unterschiedlichen Fonds. Der Kunde überlegt: »Kann es sein, dass das Muster meines Anzugs zu plakativ aussieht?«

Er hat recht. Ich erkläre ihm, woran das liegt: »Der Effektstreifen ist nicht nur zu breit, sondern auch zu kontrastierend. Dadurch ist der Stoff sehr auffallend und nicht Sie, sondern Ihr Anzug steht im Vordergrund.« Grundsätzlich tut der Kunde gut daran, seine Business-Garderobe durch gestreifte Anzüge zu ergänzen, allerdings mit einem Vorbehalt: In der Wahl des Musters ist Feingefühl gefragt. Vorsicht also bei »peppigen« Dessins.

Wie sieht es mit **Hemdenstoffen** und Kompetenzwirkung aus? Auch hier steht Uni im Vordergrund. Und Streifen? In klassischer Dessinierung sind sie eine gute Alternative. Auf augenfällige Multicolor-Streifen sollten Sie allerdings verzichten. Genauso wie auf bunte Karos. Diese haben Freizeitcharakter. Wenn kariert, dann nur als Gitter- oder Vichykaro. Zum klassischen Anzug und zur Kombination kann das sehr geschmackvoll aussehen.

Tipp:

Kariertes Hemd zum gestreiften Anzug, das setzt Stilsicherheit voraus. Machen Sie es sich leicht, wenn Sie Ihre Geschäftsgarderobe zusammenstellen. Greifen Sie im ersten Schritt zu Unis. Ist Ihr Blick geschärft, können Sie sie jederzeit mit Dessins verfeinern.

Farben auf den Punkt gebracht

Farben tragen entscheidend zu Ihrer Attraktivität bei, sie steigern Ihre Präsenz. Bevor wir auf Aspekte wie »Kompetenzwirkung« und »Umgang mit Farbe im Job« eingehen, widmen wir uns dem Gesichtspunkt der »persönlichen Farbausstrahlung«. Schließlich kleiden Sie sich nicht nur in Farben, Sie selbst *sind* farbig.

Persönliche Farbausstrahlung

Wir alle sind individuell verschieden, genauso sehen wir in unterschiedlichen Farben auch unterschiedlich gut oder schlecht aus. Vielleicht kommt Ihnen folgende Situation bekannt vor: Sie begeistern sich für die grüne Krawatte Ihres Kollegen und suchen im Laden nach einem ähnlichen Farbton ... den Sie dann auch finden. Da gibt es nur leider ein Problem. Ihr Kollege sieht strahlend damit aus, Sie dagegen kränklich. Womit hängt das zusammen?

Jeder Mensch strahlt seine eigene Farbigkeit aus, er lebt in seiner persönlichen »Farbidentität«. Verantwortlich dafür ist die Pigmentierung von Haaren, Haut und Augen. Danach unterscheiden wir bestimmte Farbtypen. Die Kriterien: Wie hell oder wie dunkel, wie warm oder wie kalt ist die Pigmentierung? Zwei Beispiele: Dunkle, warm pigmentierte Menschen – olivbraune Augen, die Haarfarbe goldbraun, die Haut mit einem gelblichen Unterton – wirken in warmen, satten Tönen wie Braun, Oliv oder Bordeaux äußerst attraktiv. Dagegen glänzt der kühle, blasse Typ – blonde Haare, Tendenz aschfarben, die Hautfarbe hell und bläulich – in frostigen Farben wie Aqua, Rosé oder Grau.

Egal, welche Eigenschaften Ihre Pigmentierung hat, seien Sie sich stets Ihrer persönlichen Farbigkeit bewusst. Natürlich sind Sie bei der Business-Garderobe farblich eingeschränkt. Kehren wir zurück zum warmen, dunklen Farbtyp. Mit einem Anzug in Bordeaux oder Oliv wird er im konventionellen Business kaum punkten. Doch bei den Accessoires erzielt er mit beiden Farben wirkungsvolle Effekte.

Umgang mit Farbe im Job

Farbe im Business-Kontext, was ist darunter zu verstehen? Zunächst sollten wir klären, wie viel Farbe Ihnen beruflich überhaupt guttut, und welche Farbtöne Sie in welchen Kleidungsstücken einsetzen. Hilfreich ist die Einteilung in »Basisfarben« und »Akzentfarben«.

Basisfarben. Kennen Sie einen Geschäftsführer, der sich seinen Mitarbeitern im gelben Anzug präsentiert? Wohl kaum. Wahrscheinlich wählt er Grau oder dunkles Marineblau. Und auch sein Hemd ist eher weiß als maigrün. Mit Basisfarben bezeichnet man neutrale Töne für die Grundgarderobe, gemeint sind Anzug und Hemd. Die typischen Anzugfarben sind Mittel- bis Dunkelgrau, tiefes Blau und dunkles Braun. Bei den Hemden dominiert Weiß. Daneben gehören die Farben Bleu und Rosé zu den Klassikern. Letztere stößt jedoch auf eingeschränkte Akzeptanz. Bei so manchem Manager bedarf es wahrer Überredungskünste, will man ihn von diesem Farbton überzeugen.

Akzentfarben. Das sind Farben wie zum Beispiel Grün, Lila, Violett, Rot oder Bordeaux. Mit diesen Tönen können Sie Ihre Grundgarderobe akzentuieren. Welche Möglichkeiten haben Sie? Accessoire Nummer eins ist die Krawatte. Hier können Sie echtes Farbempfinden demonstrieren. Wo noch? Bei gestreiften oder karierten Hemden, beim Einstecktuch oder bei Manschettenknöpfen.

Tipp:

Im Kapitel »Sicher umgehen mit Accessoires« haben wir das Thema »Krawatte und Farbe« bereits angesprochen. An dieser Stelle möchten wir noch einmal darauf hinweisen: Verzichten Sie beim Krawattenkauf auf ungestüme, aufdringliche Farben. Erstens sehen diese alles andere als wertvoll aus, zweitens strahlen sie wenig Seriosität aus.

Kompetenzwirkung

Grau und Braun. Ein wichtiger Termin steht an. Sie haben die Wahl, der braune Anzug oder der dunkelgraue? Beide Farben sind businesslike, allerdings senden sie unterschiedliche Botschaften aus. Grau-Töne wirken distanzierter, strahlen Sachlichkeit und Kompetenz aus. Braun-Töne stehen für Erdverbundenheit und Empathie.

Das soll nicht heißen, dass Sie in Ihrem dunkelbraunen Anzug inkompetent wirken. Doch es stellt sich die Frage, ob Sie lieber Ihre sachliche oder eher Ihre empathische Seite herausstellen möchten. Situationsbedingt kann sowohl das eine als auch das andere von Vorteil sein.

Tipp:

Sie wollen sich einen dunkelbraunen Anzug kaufen. Wie bei allen Farben gibt es auch innerhalb der Braunskala wärmere und kühlere Abstufungen. Entscheiden Sie sich für einen kühlen Ton. Warmes Braun für einen Business-Anzug, das wirkt zu »gemütlich«. Ihrer Erscheinung fehlt es an Entschlossenheit.

Schwarz und Blau. Verzichten Sie im alltäglichen Business auf die Farbe Schwarz, wenn es sich nicht um Werbe-, Mode- oder sonstige Kreativbranchen handelt. Weshalb? Landläufig verbinden wir mit Schwarz Anlass- beziehungsweise Trauerbekleidung. Zudem wirkt es sehr dominant. Eine gute Alternative zu Schwarz ist neben Anthrazit tiefes Marineblau. Es wirkt weniger distanziert als Schwarz und steht für Vertrauenswürdigkeit und Sorgfalt. Ein nicht von der Hand zu weisender Nebeneffekt: Die meisten Menschen sehen gut darin aus.

Hell und Dunkel. Im Fernsehen läuft eine Diskussionsrunde unter Politikern. Wie präsentieren sich diese, in beigen und silberfarbenen Anzügen? Wohl kaum. In der Regel dominieren dunklere Töne. Dunkle Farben strahlen mehr Kraft und Seriosität aus als helle und wirken demzufolge kompetenter. Wie sieht es dagegen beim Hemd aus? Helle Farben treten optisch in den Vordergrund. So wird, wenn Sie beispielsweise ein weißes Hemd tragen, der Blick auf Ihr Gesicht gelenkt und somit »auf das, was Sie zu sagen haben«. Für Ihre Präsenzausstrahlung tut der Kontrast »dunkler Anzug – helles Hemd« sein Übriges.

Zu wenig Präsenz (links)
Kraftvoller Auftritt durch Kontraste (rechts)

Monochrom

Ein Geschäftsführer mit modischem Feeling, bringt eine Reihe seiner Anzüge und die dazugehörigen Hemden mit. Er betont, dass er für sein Business-Outfit andere Farben zusammenstellt, als es üblich ist. »Dunkler Anzug zum weißen oder hellblauen Hemd, das ist mir zu normal. Ich finde tonige Kombinationen ganz toll, die sieht man doch auch häufig in den Modeheften.« In der Tat, es fällt auf, wie gekonnt er Sakko und Hemd zusammenbringt. Doch er lenkt ein: »Manchmal habe ich allerdings das Gefühl, dass ich nicht die gewünschte Aufmerksamkeit erziele.« Wir greifen eine seiner Kombinationen heraus, Anzug und Hemd in feinen Grau-Abstufungen. Ich frage ihn, wie die Zusammenstellung auf ihn wirkt. »Sehr gut, edle Grautöne untereinander, das entspricht genau meinem Sinn für Ästhetik.« Dann zögert er: »Na ja, möglicherweise sieht es zu anspruchsvoll aus, vielleicht auch ein bisschen müde.«

Der Kunde hat nur ein einziges weißes Hemd mitgebracht, quasi als Alibi. Vor dem Spiegel machen wir einen Test: Ich lege ihm auf der einen Seite das weiße Hemd über, die andere Seite bleibt Grau in Grau. Sofort wird ihm der Unterschied bewusst: »Die Grautöne sehen zwar sehr edel aus, doch mit dem Kontrast Grau-Weiß strahle ich dreimal soviel Power aus.«

Tipp:

Machen Sie sich immer bewusst, wie Sie auf Ihr Gegenüber wirken. Möglicherweise ist für die anstehende Besprechung der dunkle Anzug mit dem weißen Hemd *zu* formell und unpersönlich. Sie können gegensteuern, indem Sie die Kontrastwirkung abschwächen. Beispiel: Statt zum weißen greifen Sie zum Hemd in hellem Blau.

Basics für ihn

In diesem Abschnitt fassen wir zusammen, welche Teile bei Ihrer Business-Grundausstattung nicht fehlen sollten.

Die Basics auf einen Blick:

- drei graue Anzüge in folgender Abstufung: Mittel-, Dunkelgrau und Anthrazit
- ein Anzug in Dunkelblau und/oder -braun, je nach Typ und persönlichem Geschmack
- ein schwarzer Anzug für Anlässe
- Das Material für die Anzüge: feine Wolle, jahreszeitenbedingt in unterschiedlichen Gewichtsklassen
- weiße Hemden
- als Ergänzung Hemden in Bleu und/oder Rosé
- eine angemessene Anzahl von Krawatten in Streifen, Kleinmusterung und Uni

Dazu:

- ein Wintermantel in Wolle, Farbe: Dunkelgrau
- ein Frühjahrsmantel in Baumwolle, hell oder dunkel
- mindestens drei Paar Schuhe, nur in Schwarz oder in Schwarz und Dunkelbraun
- zwei Gürtel, passend zu den Schuhen
- Kniestrümpfe in den Farben Ihrer Schuhe und/oder Anzüge

Kleidung mit System. Beachten Sie noch eines: Ausschlaggebend ist nicht, *wie viele* Kleidungstücke, vielmehr *welche* Sie in Ihrem Kleiderschrank hängen haben. Von nicht zu unterschätzendem Vorteil ist eine übersichtliche und vor allem gut aufeinander abgestimmte Garderobe. Warum? Sie haben ein klares Konzept, die einzelnen Teile sind hervorragend miteinander kombinierbar. »Kleidung mit System« erleichtert Ihnen das Leben ungemein. Sie sparen nicht nur eine Menge Zeit, sondern auch sehr viel Energie … zudem wird das Einkaufen viel einfacher. Bei einem überschaubaren Sortiment wissen Sie, was Ihnen fehlt und können ganz leicht ergänzen.

Tipp:
Wenn Sie ein Outfit zusammenstellen, gehen Sie wie folgt vor: Sie beginnen mit dem Anzug, kombinieren dazu das Hemd und anschließend die Krawatte. Danach vervollständigen Sie mit Schuhen, Strümpfen und Gürtel.

Füllig, klein oder sehr groß?

Sie sind auf Geschäftsreise. Am Flughafen haben Sie noch Zeit, bis Ihr Flug aufgerufen wird. Keine Zeitung in Reichweite, das Handy ist ausgeschaltet. Es bleibt Ihnen nichts weiter, als Ihre Mitreisenden zu beobachten. Menschen mit den unterschiedlichsten Figuren sind unterwegs. Der Eine ist extrem groß, der Nächste ist sehr klein, ein Dritter hat kurze Beine oder zuviel Bauch.

Die Rede ist von figürlichen Unstimmigkeiten. Doch diese lassen sich durch die richtige Kleidung entschärfen. Vorausgesetzt, man kennt die Kniffe. Dazu schauen wir uns die drei folgenden Figurtypen genauer an.

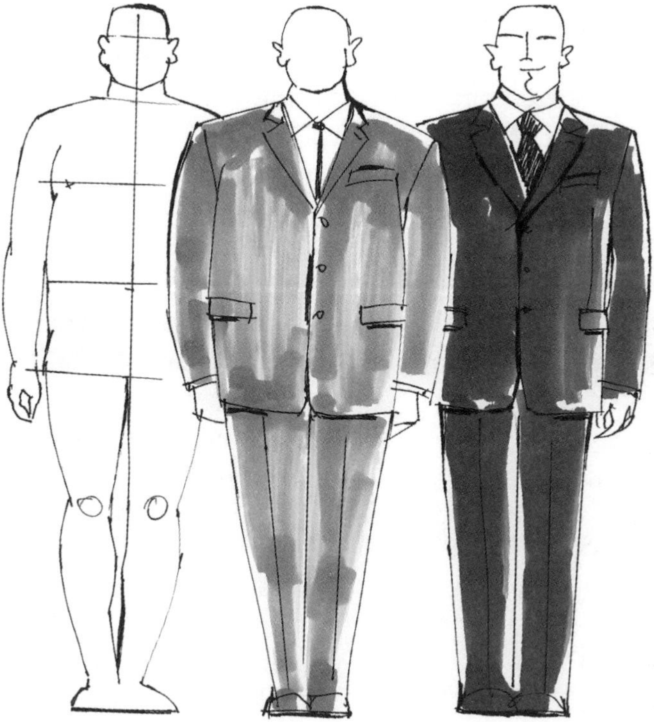

Füllige Figur:
Zu kastig, zu weit (Mitte).
Ausgewogenes Weitenverhältnis (rechts).

Sie sind füllig. Ziel ist, die Fülle abzuschwächen, statt sie zu verstärken. Favorisieren Sie den Einreiher, ein zweireihig verknöpftes Sakko wirkt viel zu kompakt. Achten Sie immer auf ein ausgewogenes Weitenverhältnis. Verzichten Sie auf Sakkos mit Zeltausmaßen. Viele korpulente Menschen denken, sie könnten damit kaschieren, in Wirklichkeit sehen sie aber gedrungener aus. Grundsätzlich sind Sakkos ideal für füllige Figuren. Weshalb? Die kantige Schulterpartie kompensiert die Rundungen des Körpers. Doch Fingerspitzengefühl ist gefragt. Ausladende, massiv unterpolsterte Schultern wirken zu kastig. Vermeiden Sie, Ihren Körper horizontal zu unterteilen, wie zum Beispiel durch Umschläge an Hosen. Diese verkürzen optisch, was nicht gerade günstig ist. Zuletzt eine Überlegung, die Sie mit ins Kalkül ziehen sollten. Manche kräftige Menschen wollen sich durch zierliche Details wie »dünne« Krawatten, sehr schmale Revers oder kleine Schuhe optisch schlanker machen. Das Gegenteil passiert. Durch den starken Kontrast zur Körperfülle wird diese zusätzlich betont.

Tipp:
Sind Sie rundlich gebaut, macht der Anzug Sie markanter. Doch Vorsicht bei der Ware. Sehr leichte und fließende Qualitäten verleihen Ihnen zu wenig Kontur.

Sie sind klein und schmal. Achten Sie ganz besonders auf die Längenverhältnisse Ihrer Garderobe. Beispiel: Ihr Sakko passt genau, allerdings sind die Ärmel zu lang. Trotz ansonsten guter Passform erscheint das Sakko viel zu groß. Das lässt Sie noch kleiner wirken. Gleiches gilt für Jacken- und Hosenlänge. Wie sieht es mit der Weite aus? Wählen Sie Anzüge mit natürlichem, körpernahem Schnitt. Ein zu üppiges Modell hinterlässt den Eindruck, als ginge der Anzug mit Ihnen spazieren, anstatt umgekehrt. Apropos Anzug: Auch wenn Sie Kombinationen bevorzugen, greifen

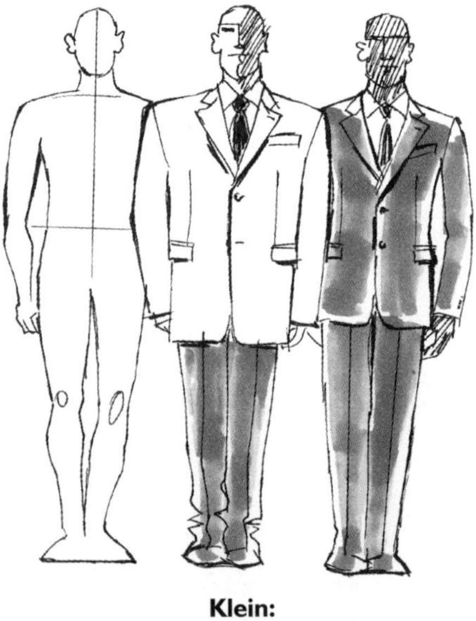

**Klein:
Alles zu groß (Mitte).
Natürlicher, körpernaher Schnitt (rechts).**

Sie zum Komplett-Outfit. Die identische Farbigkeit der Einzelteile streckt optisch. Kombinationen dagegen verkürzen, da sie farblich unterteilt sind. Verzichten Sie auch bei der Hose auf die horizontale Unterbrechung. Wie bereits erwähnt, staucht das Modell mit Umschlag, anstatt zu verlängern.

Sie sind sehr groß und schlank. Was passiert, wenn Sie einen sehr schmalen Anzug tragen? Sie sehen noch größer aus, allerdings nicht mehr schlank, sondern dünn. Das heißt aber nicht, dass Sie Großraummodelle von anno dazumal kaufen sollen. Auf das richtige Maß kommt es an. Wählen Sie zeitgemäße Formen – schlank geschnitten, aber niemals eng. Achten Sie auch auf eine angemessene Schulterbreite. Zu schmale Schultern betonen die Vertikale und somit die Länge, während breitere diese unterbrechen. Überhaupt ist »Unterbrechung« in horizontaler Richtung sehr gut für Sie … das führt uns zur Hose. Bei Ihrem Figurtyp sind Hosen mit Umschlag vorteilhaft, denn sie reduzieren optisch Ihre Körpergröße.

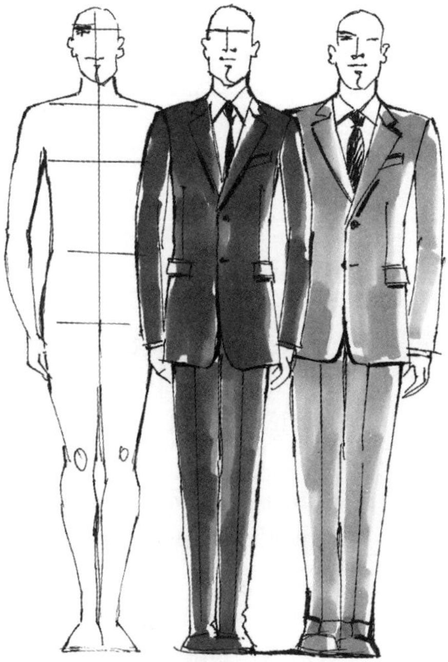

Sehr groß:
Nicht nur schlank, sondern dünn (Mitte). Breite Schultern unterbrechen die Vertikale (rechts).

Kurze Beine

Ein Kaufmännischer Leiter mit normaler Figur, allerdings zu kurzen Beinen, ist sich unsicher bei Hosenformen. Zu Beginn des Gesprächs bemerkt er: »Mit Mode habe ich nicht viel am Hut, deswegen kaufe ich ganz klassische Anzüge. Die Sakkos sind ganz gut, aber in den Hosen fühle ich mich unwohl.« Er hat mehrere Hosen mitgebracht, vom Entwurf fast alle gleich. Eine zieht er an. Vor dem Spiegel kritisiert er: »Meine Beine sind sowieso schon kurz, in diesen Hosen sehen sie noch kürzer aus«. Auf meine Frage, ob er immer so weite Hosen mit Bundfalten trägt, ist er sichtlich irritiert: »Darauf habe ich noch nie geachtet, haben Anzughosen nicht immer Bundfalten?«

Ich gebe ihm eine schlanke Form, die am Bund glatt verarbeitet ist. Erleichtert schaut er in den Spiegel. »Die ist ja viel besser, ganz so kurz sind meine Beine anscheinend doch nicht.« Das Beispiel zeigt: Weite Hosen, die zusätzlich mit Bundfalten gearbeitet sind, machen breit … und kurze Beine noch kürzer.

Sympathie durch Körperpflege

Sie freuen sich auf den Termin mit einem potenziellen Geschäftspartner. Leider erfüllt dieser alles andere als Ihre Vorstellungen von Körperhygiene: Ungewaschene Haare, ungepflegte Zähne und ein Geruch, der auf eine ausgeprägte Waschzurückhaltung schließen lässt. Ihre positive Grundeinstellung ist mit einem Schlag dahin, Ihr Wohlwollen schwindet. Eigentlich haben Sie auf das bevorstehende Gespräch gar keine Lust mehr. Zugegebenermaßen ist das Beispiel überspitzt, doch was will es uns sagen?

Ob wir einen Menschen sympathisch finden, hängt zu einem großen Teil davon ab, wie er seinen Körper pflegt. Der Wunsch nach Hygiene ist eines der grundlegenden menschlichen Bedürfnisse. Warum sich also das Leben schwermachen und nachlässig sein? Setzen Sie Körperpflege ganz bewusst ein, um Ihre Anziehungskraft und Selbstsicherheit zu steigern.

Haarige Angelegenheiten. Erinnern Sie sich an den Satz aus einem der vorhergehenden Kapitel, »Oben und Unten, gemeint sind Haare und Schuhe, bestimmen entscheidend den ersten Eindruck«? Auf die Bedeutung der Frisur haben wir also bereits hingewiesen. Wie sieht er aber aus, der korrekte Business-Haarschnitt? *Den* Business-Haarschnitt gibt es nicht. Schließlich ist jede Frisur abhängig von Faktoren wie Haarstruktur, -fülle oder Gesichtsform. Dennoch unterliegt sie gewissen Kriterien, um im Berufsleben bestehen zu können.

Alles beginnt – wie oben schon erwähnt – mit der Pflege. Generell sollten Ihre Haare frisch gewaschen sein. Bedenken Sie, dass ungewaschene Haare nicht nur die Optik, sondern auch das Geruchsorgan Ihres Gegenübers empfindlich stören können. Über die Länge kann man unterschiedlicher Meinung sein. Doch auch hier gilt: Die Branche gibt die Richtung vor, das heißt, kurzer Haarschnitt, wenn es konventionell zugeht.

Tipp:

Ihre Haare wachsen schneller, als es Ihnen lieb ist. Besonders das über den Ohren und im Nackenbereich sprießende »Gestrüpp« vermittelt einen ungepflegten Eindruck. Lassen Sie es nicht so weit kommen, gehen Sie rechzeitig zum Frisör. So zeigen Sie mit Ihrer Frisur »Kontur«. Denken Sie auch daran, Nasen- und Ohrenhaare zu entfernen. Der beste Haarschnitt nützt nichts, wenn Sie diese Partien vernachlässigen.

Zu viel Haar (links).
Frisur mit Kontur (rechts).

Tipp:

Stutzen Sie »unbändige« Augenbrauen. Dazu gehören auch die Haare zwischen den Brauen, entfernen Sie diese am besten mit einer Pinzette ... und denken Sie auch an den Feinschliff. Bürsten Sie dazu die Brauen nach oben. Das macht Ihren Blick wacher und unterstützt Ihre positive Wirkung.

Tipp:

Haben Sie mit Schuppen zu tun? Überprüfen Sie gerade vor wichtigen Besprechungen den Zustand Ihrer Schultern. Schuppen auf der Sakkoschulter beeinträchtigen in hohem Maße Ihr gepflegtes Erscheinungsbild.

Unrasierter Nacken

Ein Marketingleiter, mit einem Händchen für gute Kleidung, ist überzeugt, dass er mit seiner Garderobe richtig liegt. Da sind lediglich ein paar Unsicherheiten, die er gern abklären möchte. Beispielsweise interessiert ihn, wie breit der Hemdkragen im Nacken unter seinem Sakko hervorschauen soll. Dazu zieht er einen dunkelgrauen Anzug mit einem weißen Hemd aus feinem Popeline an. Das Verhältnis Hemdkragen zu Sakkokragen ist genau richtig. Insgesamt sieht er in seinem Outfit nobel und gepflegt aus.

... Wäre da nicht ein kleines Detail, welches das gesamte Bild erheblich stört, nämlich seine Nackenbehaarung. Das fällt ihm in diesem Augenblick auch auf: »Ich achte so auf Feinheiten, trotzdem vergesse ich immer, meinen Nacken auszurasieren.« Zugleich wird ihm bewusst: Wirkt er in seinem strahlend weißen Hemd auch noch so adrett, macht diese Nachlässigkeit den guten Eindruck mit einem Schlag zunichte.

Er ist absolut der Mode unterworfen, kann somit zeitgemäß oder antiquiert wirken. Die Rede ist vom **Bart**. Auch wenn Models oder Rockstars mit modernen Interpretationen cool und trendy wirken, kann ein Bart im Business von Nachteil sein. Denn Bartträger »verstecken« einen Teil ihres Gesichts und senden dadurch missverständliche Signale.

Tipp:

Schon seit Langem möchten Sie Ihren Bart abnehmen. Allerdings sind Sie sich unsicher, ob Ihnen das überhaupt steht, und wie Ihr Umfeld darauf reagiert. Probieren Sie es im Urlaub aus. Dort sind die Kollegen weit weg, und Sie haben genug Zeit, sich an Ihr »neues« Gesicht zu gewöhnen.

»Strahlendes« Lächeln. Ein »strahlendes« Lächeln steigert in erheblichem Maße Ihre Attraktivität. Viele Menschen schauen ihrem Gegenüber als Erstes auf die Zähne. Werden diese vernachlässigt, macht das einen schlampigen Eindruck. Gesunde und gepflegte Zähne hingegen symbolisieren Vitalität und Leistungsfähigkeit. Räumen Sie daher Ihrer Zahnhygiene den ihr angemessenen Stellenwert ein.

Ansprechende Hände. Hände sind Ihre Visitenkarte, besondere Sorgfalt ist demnach gefragt. Worauf sollten Sie achten? Grundvoraussetzung sind saubere Nägel. Nächstes Gebot ist die richtige Länge, das heißt die Fingernägel sind kurz geschnitten und überragen nicht die Fingerkuppe. Benutzen Sie nach dem Schneiden eine Feile, um scharfe Kanten zu vermeiden.

Ein lästiges Problem ist schnell wachsende Nagelhaut. Wenn Sie dieser zu Leibe rücken möchten, verzichten Sie auf eine Schere. Besser sind Rosenholzstäbchen, mit denen die Nagelhaut behutsam nach hinten geschoben wird. Tun Sie das nach dem Duschen oder Baden, Ihre Nagelhaut ist dann geschmeidig. Cremen Sie diese abschließend ein, und benutzen Sie zwischendurch einen Pflegestift. So sehen Ihre Hände immer ansprechend aus.

Gut riechen. Empfinden Sie es nicht als wohltuend, wenn Ihr Gegenüber gut riecht … und umgekehrt als genauso störend, wenn Sie andere »nicht riechen können«? Doch für einen angenehmen Geruch reicht tägliche Körperpflege allein nicht aus. Auch Ihre Kleidung sollten Sie pflegen, also regelmäßig waschen oder reinigen lassen. Denn riecht Ihr Outfit muffig, sind auch Dusche und Deo umsonst.

Tipp:
Verfeinern Sie Ihren Auftritt mit Ihrer persönlichen Duftnote. Ein gutes Parfum ist diskret und mit Finesse, niemals eine Geruchsbelästigung. Vermeiden Sie alles, was aufdringlich und süßlich riecht. Am besten sind frische Düfte, die »Sauberkeit« ausstrahlen.

Der Business-Mann unterwegs

Wenn Sie geschäftlich im Ausland unterwegs sind, stellen Sie mit Ihrem Outfit nicht nur sich selbst, Ihre Position und Ihre Firma dar, Sie erweisen auch Gastland und Geschäftpartnern Ihre Wertschätzung. Achten Sie deshalb ganz besonders auf angemessene Kleidung. Im Zweifel sind Sie besser beraten, sich etwas zu formell als zu lässig zu kleiden. So verschaffen Sie sich gleich beim ersten Auftritt eine gute Basis für Ihre Geschäfte.

Konservativ. Hochwertig. Gepflegt. Im klassischen dunklen Anzug mit Krawatte machen Sie fast überall eine gute Figur, so auch in den USA. Dort ist der Dresscode eher konservativ, auf ein Kompetenz ausstrahlendes Business-Outfit wird großen Wert gelegt. In vielen Firmen existieren sogar detaillierte Regeln zur Kleidung. Die Qualität des Stoffes und eine exzellente Passform sind insbesondere in Italien, Spanien, Frankreich und Großbritannien von großer Bedeutung, denn dort haben Stil und Eleganz einen hohen Stellenwert.

Überall gilt: Tragen Sie Langarmhemden zum Anzug – auch in heißen Ländern! Ebenso gehören Kniestrümpfe unbedingt zum Outfit, da man in vielen Ländern noch größere Vorbehalte gegenüber nackter Haut hat als hierzulande. Lederschuhe in guter Qualität verstehen sich von selbst.

Soweit wäre das nichts Neues, doch wie so oft liegt der Teufel im Detail. Braune Anzüge, für unseren Geschmack modern, stoßen zum Beispiel in England auf Unverständnis. Besser sind dort Grau und Anthrazit. Auch die Krawatte hat ihre Tücken. Beispielsweise ist sie im Iran verpönt, da sie dort als christliches Symbol angesehen wird. Wiederum können Sie in Großbritannien mit gestreiften Krawatten für manche Verwirrung sorgen. Denn Streifendessins dienen in bestimmten Farbkombinationen als Erkennungs- und Zugehörigkeitsmerkmal für Regimente, Colleges oder Clubs. Alternativen sind Uni-Krawatten oder solche mit kleinen, klassischen Mustern. Meiden Sie in Großbritannien auch braune Schuhe, tragen Sie lieber schwarze. Für den formellen Auftritt wirkt Braun zu sportlich und nach 18:00 Uhr ohnehin zu wenig offiziell. In Italien dagegen zeugt der braune Schuh zum grauen Anzug von exzellentem Geschmack. Sind Sie in Japan unterwegs, müssen Sie womöglich im Restaurant die Schuhe ausziehen. Sorgen Sie daher immer für repräsentatives, gepflegtes Schuhwerk und neue Strümpfe. Überdies legt man in Japan, wie auch in Russland, viel Wert auf Labels und Statussymbole, dagegen hält man es in Großbritannien – wie sollte es anders sein – mit der vornehmen Zurückhaltung.

Tipp:

Wenn Sie für längere Zeit ins Ausland gehen oder sich immer wieder in bestimmten Ländern aufhalten, ist es empfehlenswert, interkulturelle Seminare zu besuchen, die sich speziell den Gepflogenheiten dieser Länder widmen. Hier werden sowohl die Feinheiten der angemessenen Kleidung als auch die korrekten Umgangsformen thematisiert. Bedenken Sie auch, dass viele Bräuche in den religiösen Traditionen der jeweiligen Länder begründet sind, die es zu kennen und zu respektieren gilt.

Dem Anlass gemäß

Sie haben eine Einladung für eine Veranstaltung bekommen. Auf der Einladungskarte ist ein Dresscode vermerkt. Befolgen Sie ihn – Ihrem Gastgeber zuliebe und für sich selbst, denn nur so werden Sie sich unter den anderen Gästen wohlfühlen. Doch was bedeutet der Dresscode, wie sollen Sie sich kleiden? Hier einige Beispiele:

Business casual. Halboffiziell, nie zu lässig, immer gepflegt: Sakko, Hose, Hemd oder Poloshirt, Business-Schuhe. Anzug und Krawatte sind nicht notwendig.

Come as you are. »Kommen Sie wie Sie sind«, nehmen Sie das nicht zu wörtlich, wenn Sie von zu Hause kommen. Denn damit ist keineswegs Ihre Freizeit-, sondern Ihre Business-Kleidung gemeint. Es bedeutet, Sie müssen sich nach Büroschluss nicht extra umziehen.

Business attire. Tenue de ville. Formelles Tagesoutfit: dunkler Anzug, helles Hemd – zart gemustert oder uni, Krawatte, dunkle Business-Schuhe.

Dunkler Anzug. Dieser Dresscode ist offiziell und feierlich. Das Outfit besteht aus einem dunklen Anzug mit uni-weißem Hemd und eleganter Krawatte. Schuhe und Strümpfe sind schwarz.

Cocktail. Für elegantere Anlässe ab 16:00 Uhr. Siehe »dunkler Anzug«.

Black tie. Cravate noire. Smoking. Hier ist das festliche, offizielle Abendoutfit gefordert: schwarzer oder mitternachtsblauer Smoking, weißes Smokinghemd, schwarze Schleife und schwarze, glatte Schuhe. Ergänzungen sind der schwarze Kummerbund oder die Smoking-Weste. Zum kompletten Outfit gehört das Einstecktuch. Der Smoking zeichnet sich durch seidenbesetzte Revers und den Galon aus, das ist der Seidenstreifen auf der Seitennaht der umschlaglosen Hose. Das Smokinghemd ist häufig mit verdeckter Knopfleiste gearbeitet und hat eine Doppelmanschette. Sowohl Kläppchen-, Haifisch- als auch Kentkragen sind möglich. Ist der Dresscode **Black tie optional** vermerkt, können Sie wählen, ob Sie den Smoking oder einen festlichen, dunklen Anzug präferieren. Der Smoking ist absolut dem Abend und Veranstaltungen in geschlossenen Räumen vorbehalten. Eine Alternative unter freiem Himmel bietet das weiße oder écrufarbene »Dinnerjacket« zur schwarzen Hose.

White tie. Cravate blanche. Frack. Hochoffiziell, festlich, abendlich. Gelegenheit für diesen Dresscode wäre beispielsweise ein Opernball. Sie tragen einen schwarzen Frack, ein weißes Hemd mit Kläppchenkragen, dazu eine weiße Schleife, eine weiße Weste aus Baumwollpikee und schwarze Lackschuhe. Auch beim Frack sind die Revers sowie die *doppelten* Seitenstreifen der umschlaglosen Hose aus Seide gearbeitet. Die Hemdbrust ist mit Baumwollpikee besetzt oder in Fältchen gelegt. Der Frack ist ausschließlich dem Abend vorbehalten.

Cut. Hochoffizielles, festliches Tagesoutfit: Sie tragen zur gestreiften Hose einen grauen oder schwarzen Gehrock mit schräg geschnittenen Schößen – den Cut. Kombinieren Sie dazu ein weißes Hemd mit normalem Kragen, eine graue oder cremefarbene Weste und eine graue Krawatte – keine Schleife. Als Alternative dient ein Plastron – das ist eine brustbedeckende Krawattenvariante. Die passenden Schuhe sind glatt und schwarz.

Generell gilt. Wenn Sie im Zweifel sind, dann kleiden Sie sich lieber etwas overdressed als underdressed. Das etwas zu formelle Outfit können Sie vor Ort eher »entschärfen«, als das zu saloppe Outfit feiner machen. Doch Smoking, Frack oder Cut tragen Sie nur, wenn der Dresscode es vorgibt. Mit Strümpfen sind selbstverständlich immer dem Anlass entsprechende feine schwarze Kniestrümpfe gemeint. Die Schleife ist natürlich selbst gebunden.

Business casual – wenn es im Job weniger formell zugeht

In den voran gegangenen Kapiteln haben wir Ihnen zahlreiche Anregungen zum formellen Business-Look gegeben. Den »entspannten Business-Look« haben wir lediglich angerissen. Da dieser aber durchaus seine Berechtigung hat und außerdem ein größeres Kombinationsgeschick und Feingefühl erfordert, liefern wir Ihnen hier noch einmal ganz konkrete Beispiele, wie Sie sich lässiger und dennoch businesslike kleiden können.

Lässig ist nicht gleich nachlässig. Damit sind wir wieder beim Stichwort »Kompetenz«, die Sie im Geschäftsleben, egal ob formell oder lässig, immer vermitteln sollten. Achten Sie also grundsätzlich darauf, dass Ihr Outfit stets ansprechend und stimmig wirkt – und denken Sie immer daran, dass lässig nichts mit nachlässig zu tun hat. So schaffen Sie die beste Voraussetzung, wenn Sie sich im Berufsalltag lockerer kleiden möchten.

Mischung aus klassischem Business-Look und »privatem« Look. Das ist das Grundprinzip. Sie nehmen Elemente der konventionellen Businessmode und mischen diese mit lässigeren Teilen. Zum Beispiel das formelle Einzelsakko zum sportlicheren Hemd mit Button-down-Kragen.

Ganz hervorragend eignen sich Chinos, wenn Sie Ihrem Business-Outfit einen lässigen Touch geben möchten. Was versteht man unter Chinos? Es sind schlanke Baumwollhosen mit seitlichen Einschubtaschen. Kombinieren Sie diese mit Hemd und Einzelsakko, strahlen Sie eine gewisse Sportlichkeit aus, wirken aber gleichzeitig kompetent. Oder: Chino, V-Pulli in »Feinstrick«, weißes Hemd, Sakko. Auch hier wieder der Mix aus »formell und lässig«. Die Chino ist sportlich, der Strick auch, bekommt aber dadurch, dass es sich um Feinstrick handelt, einen formelleren Anstrich. Weißes Hemd und Sakko, absolut »formell« und somit genau richtig, um dem Ganzen den nötigen Kompetenzgrad zu verleihen.

Auch mit Hemden im Vichykaro schaffen Sie einen Look, der weniger »korrekt« aussieht. Denn durch das klare Muster lockern diese das Bild wohltuend auf. Kombiniert mit Chino und Einzelsakko, wirkt Ihr Outfit lässig und modern, strahlt aber gleichzeitig Souveränität und Vertrauenswürdigkeit aus.

Natürlich sind auch Jeans ein gutes Stilmittel, um lässiger zu kombinieren. Wie im Kapitel »Die Kombination« bereits erwähnt, kommt es hier ganz besonders auf die Farbe an. Jeans in Dark-Blue-Denim strahlen wesentlich mehr Seriosität aus als deren helles Pendant. So liefern Sie beispielsweise in der Kombination »dunkle Jeans, Vichykarohemd, fein strukturiertes Einzelsakko« das perfekte Bild für einen lockeren Business-Look. Achten Sie gerade bei Jeans auf den Schuh. Kombinieren Sie mit Sneakers, wird das Ganze zu sportiv. Dagegen wertet ein gepflegter Business-Schuh den Look enorm auf.

Tipp:

Auch wenn es in Ihrem geschäftlichem Umfeld lockerer zugeht, vermeiden Sie zu extreme oder zu sportliche Kombinationen, im Sinne von »T-Shirt mit wildem Aufdruck, grobes Tweedsakko, ausgewaschene Jeans«. Denn diese schmälern Ihre Kompetenzwirkung. Besser: Zeigen Sie eine klare, moderne Linie mit eher klassischen Elementen. So vermitteln Sie Ihrem Gegenüber Sicherheit und Professionalität.

Business casual

Das Bewerbungsoutfit

Wie Sie durch Ihr Outfit an Sicherheit gewinnen, haben wir anhand zahlreicher Beispiele dargestellt. Nun geben wir Ihnen speziell für Ihre Bewerbung noch einmal einen »Leitfaden« an die Hand. Denn es gilt den positiven Eindruck, den Sie mit Ihren Unterlagen bereits gemacht haben, zu bestätigen, wenn nicht gar zu toppen. Hier also die wichtigsten Punkte, an die Sie vor Ihrem Vorstellungsgespräch denken sollten.

Kompetenz visualisieren. Das Bewerbungsgespräch ist eine ganz besondere Situation, in der Sie sich bei einem potentiellen Arbeitgeber zum ersten Mal persönlich vorstellen. Natürlich möchten Sie nur den besten Eindruck hinterlassen. Wählen Sie folglich ein Outfit, mit dem Sie Ihre fachliche Qualifikation »erfolgversprechend verstärken«. Visualisieren Sie Ihre Kompetenz durch einen wertigen, gepflegten Auftritt.

Kriterien abklopfen. Stellen Sie sich folgende Fragen: Welcher Kleidungsstil herrscht in meiner Branche und ganz speziell in dem jeweiligen Unternehmen vor? Wo soll künftig mein Platz innerhalb der Firmenhierarchie sein? Wo genau liegt der Aufgabenbereich? Generell gilt, je höher die Position und je mehr Außenwirkung diese hat, umso korrekter das Outfit. Um ein Gefühl für den Stil des Unternehmens zu bekommen, schauen Sie sich – im Internet oder sogar vor Ort – an, wie sich die Firma selbst darstellt. So erhalten Sie eine gute Einschätzung, wie korrekt oder leger es dort zugeht. Im Zweifelsfall treten Sie lieber etwas zu konventionell als zu lässig auf.

Präsenz zeigen. Wenn Sie bei Ihrem Gesprächspartner punkten möchten, ist es äußerst wichtig, dass dieser Sie als engagiert und handlungsbereit wahrnimmt. Kommunizieren Sie ihm diese Eigenschaften am besten doch schon über Ihren Auftritt. Zeigen Sie »Präsenz«. Beispiel Kontraste: Ein weißes oder hellblaues Hemd zum dunklen Sakko strahlt weit mehr Power aus als eine Wischiwaschi-Kombination in faden Beigetönen. Wenn eine Krawatte gefragt ist, wählen Sie auch hier einen Kontrast, setzen Sie ruhig einen farblichen Akzent – grelle Töne und »witzige« Muster sind allerdings fehl am Platz. Wie sieht es mit Ihren Haaren aus? Sind diese gut geschnitten, gewinnt Ihre gesamte Erscheinung sofort an Profil. Umgekehrt verlieren Sie mit »Wildwuchs« an Kontur.

Selbstverständlich rüberkommen. Für Ihr Vorstellungsgespräch haben Sie sich einen neuen Anzug zugelegt. Doch ob Material oder Passform, irgendetwas stimmt nicht oder passt nicht zu Ihnen. Sie stellen fest: Ihre Kleidung verunsichert Sie mehr, als dass sie Ihnen zu Selbstsicherheit verhilft. Die Folge: Sie wirken gequält, sind abgelenkt und nicht authentisch. Denken Sie immer daran: In einem Vorstellungsgespräch sollten Sie ganz selbstverständlich rüberkommen. Dazu gehört, dass Sie im Einklang mit Ihrem Outfit sind. Wenn Sie ständig darüber nachdenken, wie Ihre Kleidung sitzt, sind Sie nicht bei der Sache und Ihre positive Energie verpufft. Legen Sie sich daher Ihr Bewerbungsoutfit rechtzeitig zu, so können Sie schon einmal damit »warm« werden – und, falls erforderlich, haben Sie die Möglichkeit, umzudisponieren.

Ihr Bewerbungsoutfit in Stichworten:

- Formeller Look: Anzug, Hemd, Krawatte
- Entspannter Look: Kombination (Sakko mit Hose aus anderer Farbe oder anderem Material), Hemd
- Farben: für Anzug, Sakko, Hose mittleres bis dunkleres Grau oder Dunkelblau, in aufgeschlosseneren Branchen auch Schwarz oder Mokkabraun. Für das Hemd am besten Weiß oder Bleu
- Kontrastwirkung: helles Kleinteil (Hemd), dunkleres Großteil (Anzug, Sakko)
- Gute Passform
- Gepflegtes Outfit: keine herunterhängenden oder fehlenden Knöpfe, gut gelüftet (kein Zigaretten- oder Essensgeruch), frisch gebügelt
- Wertige, gepflegte und frisch geputzte Schuhe (Schwarz oder Braun), Aktentasche (Schwarz, Braun)

- Strümpfe in Dunkelgrau, -blau, -braun oder Schwarz, Ton in Ton zu Hose oder Schuhen
- Ledergürtel in Schwarz oder Braun
- Keine sichtbaren Piercings und Tattoos
- »Frisur mit Kontur«, denken Sie auch an Nackenhaare und Augenbrauen, kein Dreitagebart – besser frisch rasiert
- Gepflegte Hände, gepflegte Zähne
- Guter Atem: Bedenken Sie, was Sie vorm Termin und am Vortag zu sich nehmen
- Parfum mit dezentem Duft

Gut zu wissen

In diesem Kapitel runden wir das Thema »Aufmachung« ab … durch ein paar Anmerkungen zu Business-Stil und Outfit allgemein.

Das große Missverständnis …

Um mit gängigen Vorurteilen aufzuräumen, rücken wir einige Aussagen, die immer wieder im Zusammenhang mit »gutem Stil« geäußert werden, zurecht.

… klassisch ist langweilig. Formelle Business-Kleidung ist klassisch. Und deshalb wird sie sehr oft als langweilig abgetan. Doch ist das gerechtfertigt? Wird womöglich der Begriff klassisch falsch interpretiert? Dazu ein paar Beispiele: Sicherlich kennen Sie die »klassische Schönheit«, die uns die alten Griechen durch ihre vollendete Darstellungsform überliefert haben. Oder denken Sie an die Möbelklassiker aus der »Bauhaus-Zeit«, die uns nach wie vor durch ihr formschönes, klares und zeitloses Design faszinieren. Ähnlich ästhetisch gelungen erscheinen uns die Autos der Fünfziger- und Sechzigerjahre. Auch sie gehören zu den echten Klassikern, die noch heute nichts von ihrem Charme eingebüßt haben und an Harmonie und Ästhetik kaum zu übertreffen sind.

Alle drei Beispiele verkörpern das Klassische und stehen symbolisch für Schönheit, Perfektion und Wertbeständigkeit. Das alles hat mit »langweilig« überhaupt nichts zu tun. Vielmehr gilt: In klassischer Kleidung zeigen Sie Klasse!

… es muss etwas Besonderes sein. Eine Kundin unterlag folgendem Irrtum: Sie glaubte, dass sie mit einem asymmetrisch getragenen Ohrring Extravaganz und dadurch Besonderheit ausstrahle.

Viele Menschen möchten durch Stilmittel wie den »asymmetrischen Ohrring«, einen »Ring am Daumen«, die »helle Strähne im Haar« oder »Revers mit drei Zacken« ihre Individualität herausstellen. Doch sie verwechseln »modische Auswüchse« mit stilvollen Details. Wenn Sie sich nicht sicher sind, ob es sich um guten Stil handelt, verzichten Sie lieber auf das vermeintlich Besondere. Kleiden Sie sich stattdessen »schlicht und ergreifend gut«.

... nur bunte Farben wirken. Ist Ihnen bewusst, welche Hochwertigkeit eine Komposition aus Grau, Braun und Weiß ausstrahlt? Ähnlich attraktiv wirken Schwarz, Grau und Weiß oder einfach nur dunkles Mokka mit Weiß. Man könnte beliebig fortfahren, eines wäre den Farben immer gemeinsam: Es sind neutrale und äußerst noble Töne, die in diesen oder ähnlichen Kombinationen vom exzellenten Geschmack ihrer Trägerin oder ihres Trägers zeugen. Dass sie natürlich auch solo hervorragend aussehen, sei nur am Rande erwähnt.

Doch leider werden Grau, Braun & Co. von sehr vielen Menschen – Frauen und auch Männern – als trist, belanglos und unmodern, eigentlich auch langweilig empfunden. Sie glauben, dass nur bunte Farben wie Gelb, Grün, Rot et cetera für Wirkungskraft und Ausstrahlung sorgen. Selbstverständlich können diese ein Outfit lebendiger machen und die Präsenz eines Menschen steigern – denken Sie nur an Accessoires wie Tücher oder Schals. Doch auch *nur* mit Neutral-Tönen können Sie sehr viel Wirkung erzielen, gerade im Business. Probieren Sie es ganz einfach aus.

... Hosenanzüge sind zu streng. Manche Frauen stecken Hosenanzüge schnell in die Schublade »maskulin und streng« und finden sie daher wenig attraktiv. Zugegeben, Anzüge können bisweilen streng aussehen. Doch liegt das an dem Kleidungsstück als solchem oder an dessen biederer Ausführung? Ein taillierter, in Stoff und Schnitt perfekt inszenierter Hosenanzug ist wahrhaft ein Meisterstück: selbstverständlich, elegant und feminin zugleich. Auf unaufdringliche Weise akzentuiert er die weibliche Figur und zeichnet sich so durch eine ihm eigene Raffinesse aus.

Individualität tut gut

Vielleicht denken Sie: »Der Business-Dresscode schränkt einen ja ganz schön ein, viel Raum für persönliche Entfaltung bleibt da nicht.« Oberflächlich betrachtet haben Sie Recht. Und dennoch können Sie sehr viel tun. Feilen Sie am Detail. Schärfen Sie Ihre Sinne für Feinheiten, damit lassen Sie nicht nur Ihr Outfit erstrahlen, Sie entwickeln auch Ihre ganz persönliche Note. In diesem Kapitel fassen wir zusammen, wie das am besten gelingt.

Frauen. »Vermeintlich Gleiches entpuppt sich bei näherem Hinschauen als erstaunlich verschieden.« Gemeint sind raffinierte Nahtführungen bei Jacken, Hosen oder Röcken, die nicht sofort ins Auge springen und dennoch dem Teil eine besondere Note verleihen. Schauen Sie deshalb genauer hin. Kostüm ist nicht gleich Kostüm. Vielleicht hat eine Jacke *die* kapriziöse Nahtlage, die der anderen fehlt, oder ein Rock *die* schwungvoll gelegten Teilungsnähte, die man bei seinem Gegenstück vermisst. Tatsache ist, mit einer außergewöhnlichen Linienführung können Sie auf subtile Weise Individualität bekräftigen.

Auch mit Schmuck erreichen Sie eine subtile und dennoch ausdrucksvolle Wirkung. Indem Sie sich für ganz bestimmte Steine entscheiden – vielleicht in Farben wie Bordeaux, Braun, Lila oder Rauch – veredeln Sie nicht nur Ihre Kleidung, Sie unterstützen auch Ihre persönliche Präsenz. Überhaupt bieten Accessoires eine gute Möglichkeit, Individualität zu zeigen. Sehr gut funktioniert das beispielsweise mit Schals, die Sie in den Ausschnitt Ihres Blazers drapieren. Um Ihr Outfit aufzupeppen, sind auch Gürtel sehr effektvoll, und zwar solche, die nicht jeder trägt und dennoch ins Business-Umfeld passen. Unterschiedliche Varianten bieten sich an: extra schmale Gürtel, Bandgürtel, Gürtel mit Ringverschlüssen, dezenten Koppelschließen oder Doppelringen. Mit diesen oder ähnlichen Formen können Sie ganz persönliche Akzente setzen … ebenso wie mit Ihrer Handtasche. Sie haben unterschiedlichste stilistische Möglichkeiten: pure Ausstattung oder edle Deko-Elemente, Glattleder oder solches mit Struktur.

Individualität durch raffinierte Nahtlagen und tonige Streifen

Abschließend ein Punkt, der Ihre persönliche Wirkung maßgeblich bestimmt. Gemeint ist die Art und Weise, wie Sie sich schminken. Ob Sie eher die Lippen oder die Augen betonen, mit Kajalstift arbeiten oder einen Lidstrich ziehen, immer unterstreichen Sie durch ein individuelles Make-up Ihre Besonderheit.

Männer. Beginnen wir beim Anzugstoff. Uni-Anzüge haben Sie bereits. Individualisieren Sie Ihr Sortiment durch Musterungen. Optimal sind Streifen, nicht nur die klassischen Nadelstreifen, sondern auch modifizierte, tonig gehaltene Varianten … vielleicht sogar in Braun statt in Standard-Grau.

Häufig ist gerade die *Kombination* der Farben ein Hingucker und zeichnet ihren Träger aus. Beispiel: mokkafarbener Anzug, blaugestreiftes Hemd und tiefblaue Uni-Krawatte – eigentlich simpel und doch sehr modern, businesslike und edel. Und auch mit geschmackvollen Farbkombis bei Krawatten können Sie Ihre Individualität herausstellen. Hier ein paar Vorschläge für Streifen: Mokka-Violett-Creme, Bordeaux-Rosé-Weiß, Navy-Bleu-Weiß, Marine-Weiß oder Oliv mit Creme.

Bleiben noch die Schmuckaccessoires, das heißt unter dem Anzugärmel hervorblitzende Manschettenknöpfe oder Ihre Uhr. Da beide Accessoires eine erhebliche Bandbreite von Variationsmöglichkeiten bieten, können Sie hier Ihre persönliche Note bestens zum Ausdruck bringen.

Kleidung genießen

Was bedeutet für Sie »etwas genießen«? Vielleicht denken Sie an ein köstliches Essen oder auch an eine faszinierende Theateraufführung, möglicherweise erinnern Sie sich an einen erholsamen Urlaub oder einfach nur an das gemütliche Treffen mit Ihren besten Freunden. Ganz bestimmt konnten Sie alle diese Erlebnisse aus vollem Herzen genießen, denn sie haben Sie mit Freude erfüllt und Ihnen sehr viel Spaß gemacht. Ist es nicht auch eine Bereicherung, wenn Ihnen Ihre Kleidung Spaß macht?

Einkaufen als sinnliches Erlebnis. Kleidung soll Ihnen, bereits wenn Sie einkaufen, Spaß machen. Denn dann werden Sie sich auch später daran erfreuen. Leider kaufen viele Menschen – meistens Männer – Ihre Business-Kleidung auf die Schnelle, nach der Devise: Sie dient ja sowieso nur der Funktion, also bloß nicht zu viel Zeit investieren.

Doch Spaß hat mit Hektik oder gar Stress reichlich wenig zu tun. Gestatten Sie sich deshalb die Zeit, um sich auf entspannte Weise Ihrer neuen Garderobe zu widmen. Mehr noch, betrachten Sie den Einkauf als »sinnliches Erlebnis«. Nehmen Sie ganz bewusst eine gelungene Dekoration im Schaufenster oder die ansprechende Ausstattung eines Ladenlokals wahr. Lassen Sie die unterschiedlichen Farben auf sich wirken, greifen Sie in exquisite Stoffe, erfreuen Sie sich an der Ästhetik guten Designs, und empfinden Sie es als angenehm, schöne Kleidung anzuprobieren. Bedenken Sie, Ihr Business-Outfit tragen Sie die längste Zeit des Tages. Gehen Sie schon deshalb mit guter Laune und in gelöster Atmosphäre vor.

In Kleidung »wohnen«. Bestimmt kennen Sie das: Sie haben einen anstrengenden Arbeitstag hinter sich und freuen sich auf Ihre Wohnung … vorausgesetzt, Sie haben alles so arrangiert, dass Sie sich dort auch wohlfühlen. Auch in Ihrer Geschäftskleidung sollten Sie sich wohlfühlen, so, als ob Sie darin wohnen. Damit ist allerdings keine Bequemlichkeit im Sinne von Jogging-Anzug gemeint. Das wäre zu gemütlich und im Job eindeutig fehl am Platz. Vielmehr bedeutet es, dass Sie mit Ihrem Outfit vertraut sind, es als angenehm empfinden, wie einen Begleiter, der Sie im Berufsalltag unterstützt und Ihnen Sicherheit gibt.

Deshalb: Trainieren Sie die »Wohlfühlfaktoren«, erfreuen Sie sich an guter Passform, schönem Material, brillanter Farbigkeit oder an subtilen Details. Stellen Sie mit Freude Ihre Sachen zusammen, und entdecken Sie immer wieder neue Variationen. Empfinden Sie Kleidung schlicht und einfach als etwas Schönes und eine besondere Form Ihrer persönlichen Wertschätzung. Nur dann können Sie in Kleidung »wohnen« und diese im wahrsten Sinne des Wortes genießen.

Innere Haltung und Ausstrahlung

Image ist mehr als ein visuell erfassbares Bild, es ist ein Stimmungsbild, das sich aus Aussehen, Persönlichkeit und Körpersprache zusammensetzt … erinnern Sie sich an unsere Ausführungen zu Beginn des Buches? Kommen wir jetzt also zur Persönlichkeit. Schließlich trägt sie entscheidend zu Ihrem Image bei.

Unser inneres Licht. Vielleicht sind Sie erst kürzlich jemandem begegnet, von dem Sie fasziniert waren. Spürten Sie die intensive und positive Energie, die Ihnen entgegen strahlte?

An unserer Ausstrahlung ist die innere Haltung maßgeblich beteiligt: Können wir uns von Herzen freuen oder sind wir nur schwer zu einem Lächeln zu erwärmen? Zeigen wir Emotionen oder ziehen wir vor, ausdruckslos in den Tag hinein zu leben? Empfinden wir lebhaftes Interesse für andere oder ist uns die Umwelt mehr oder weniger egal? Das sind nur ein paar jener Wesenszüge, wodurch wir entweder ausstrahlen oder uns verdunkeln. Im positiven Sinne prägen sie unseren »persönlichen Glanz« oder anders ausgedrückt, sie machen ein Licht, das innerlich leuchtet, nach außen sichtbar.

Doch wie funktioniert Ausstrahlung? Tatsache ist, es sind immer wieder die gleichen spezifischen Eigenschaften, welche die Persönlichkeit eines Menschen zum Leuchten bringen. Mit diesen setzen wir uns im Folgenden näher auseinander.

Jeder ist einmalig

Lassen Sie uns diesen lapidaren Satz einmal näher betrachten. Wer ist »Jeder«, und inwiefern ist jeder »einmalig«? Jeder, das sind Sie als Persönlichkeit – soweit ist das keine aufregende Erkenntnis. Fokussieren wir aber den Begriff »Persönlichkeit«, wird es interessant.

Dieses Wort, das so einfach dahingesagt wird, lässt sich gar nicht so leicht beschreiben. Denn versuchen Sie einmal, spontan und prägnant, am besten in einem knappen Satz, Ihre Persönlichkeit zu definieren. Spontan werden Sie sich möglicherweise beschreiben können. Doch höchstwahrscheinlich stoßen Sie bei dem knappen Satz schnell an Ihre Grenzen. Denn Sie werden nicht nur eine, sondern mehrere, möglicherweise auch gegensätzliche Definitionen zur Hand haben. Auf die Bitte, sich zu typisieren, sprudelte ein Kunde: »Ich würde mich als impulsiv bezeichnen, bin gesellig, unterhalte mich gerne, doch wenn ich genauer darüber nachdenke, brauche ich auch meine Ruhe, dann habe ich gar keine Lust zu reden.« Demgegenüber betonte eine Kundin, sie könne im Job einen kühlen Kopf bewahren, obwohl sie eigentlich sehr emotional sei. Sie sehen also, so klar ist das mit dem Persönlichkeitsbild nicht.

In der Tat hat die Frage, was die Persönlichkeit eines Menschen ausmacht, eine lange Tradition. Denn schon seit der Antike setzen sich Philosophen und Wissenschaftler mit diesem Phänomen auseinander. In jüngerer Zeit haben Psychologen vielfältige Modelle entwickelt, um die menschliche Persönlichkeit in ihrem Facettenreichtum zu erfassen. Bis heute hält die Forschung an und nach wie vor bleiben Fragen offen.

Doch vereinfacht kann man sagen: Alles, was wir denken und fühlen, wie wir eingestellt sind, und wie wir uns verhalten, bestimmt unsere Persönlichkeit. Wir sprechen über etwas, was unsere individuelle Wesensart ausmacht. Das führt uns zu dem Begriff »einmalig« und zu der Frage: Kennen Sie jemanden, der identisch wie Sie fühlt, denkt oder handelt? Diese Frage können Sie im Grunde nur mit Nein beantworten. Denn selbst bei eineiigen Zwillingen überrascht es immer wieder, wie unterschiedlich sie sich verhalten, obwohl sie über die identische genetische Ausstattung verfügen.

Menschen ähneln sich. Dennoch sind sie nicht gleich. Und genau das macht uns alle einmalig. Häufig fragen Kunden: »Was kann ich Besonderes aus mir machen?« und sind sich ihrer falschen Grundeinstellung überhaupt nicht bewusst. Denn zunächst einmal geht es nicht darum, etwas Besonderes aus sich zu *machen*, sondern vielmehr um die Erkenntnis, dass man etwas Besonderes und somit Einmaliges *ist*.

Nicht bewerten. Verstehen Sie den Begriff einmalig nicht falsch. Meistens benutzen wir ihn im Sinne von »besser« oder »schöner«. Wenn wir sagen: »Das war ein einmaliger Vortrag«, meinen wir, dass der Vortrag außergewöhnlich gut war, also besser als irgendein anderer. Das heißt, wir bewerten. In unserem Zusammenhang geht es aber darum, dass Sie als Mensch mit *Ihren* Gefühlen, *Ihrer* Einstellung, *Ihrer* Verhaltensweise nur ein *einziges* Mal existieren. Es bedeutet nicht, dass Sie deshalb besser sind als andere – das wäre eine Bewertung.

Tipp:

Denken Sie an den oben erwähnten Kunden. Bevor Sie etwas Besonderes aus sich machen wollen, rufen Sie sich ins Bewusstsein: *»Ich bin etwas Besonderes!«*. Dadurch legen Sie das Fundament für eine souveräne und starke Ausstrahlung.

Wertschätzung – der Grundstein für Wirkungskraft

Wenn wir Seminarteilnehmer danach fragen, was sie mit dem Wort »Wertschätzung« assoziieren, fallen Begriffe wie Achtung, Anerkennung, Respekt, Höflichkeit. Fragen wir weiter, in welchem Bezug sie das Wort sehen, sprechen sie meistens von einer Haltung, die ihnen von anderen – Kollegen, Mitarbeitern oder Freunden – entgegengebracht wird oder die *sie* anderen gegenüber bekunden. Selten antwortet jemand, dass er Wertschätzung als eine Einstellung sich selbst gegenüber betrachtet, noch seltener, dass er diese bewusst lebt.

Sich selbst wertschätzen

Das bedeutet nichts anderes als den eigenen Körper, die eigene Wesensart und seine persönlichen Fähigkeiten als eine Kostbarkeit zu würdigen. Es heißt, sich selbst mit echter Anerkennung und Achtung zu begegnen. Menschen, die so empfinden, sind zufrieden, entspannt, wohlwollend und selbstsicher, denn sie sind sich ihres persönlichen Reichtums voll bewusst. Wie aber sieht die Realität aus? Kürzlich erzählte eine Dame, die im wahrsten Sinne des Wortes als Managerin fungiert, ganz beiläufig, dass sie parallel ihren zeitintensiven Führungsjob, eine Familie mit drei Kindern und einen anspruchsvollen Freundeskreis organisiert. Für diese Leistung hätte sie wahrhaft einen Orden verdient. Doch statt ihren Fulltimejob als etwas Außergewöhnliches hervorzuheben, meinte sie nur: »Na ja, das ist doch nichts Besonderes.«

Ich weiß, was ich kann. Leider sind sehr viele Menschen, insbesondere Frauen, vorrangig damit beschäftigt, all das aufzuzählen, was sie nicht können. Und wenn sie etwas können, sind da mindestens zehn andere, die es viel besser können. Die eigene Leistung ist nie gut genug. Wer aber stets mit seinen Fähigkeiten unzufrieden ist, erwartet definitiv zu viel von sich. Das hat nicht selten Frustration und Kraftlosigkeit zur Folge, von positiver Ausstrahlung kann keine Rede sein.

Tipp:

Um unsere Fähigkeiten überhaupt schätzen zu können, müssen wir uns derer zunächst einmal bewusst werden. Wie sieht es bei Ihnen aus, kennen Sie Ihre Stärken? Wenn nicht, nehmen Sie ein Blatt Papier zur Hand. Schreiben Sie als Headline: »Das kann ich besonders gut«. … Und dann kann es losgehen. Denken Sie an Punkte wie Vorträge halten, Strategien entwickeln, Teamarbeit organisieren oder Kunden betreuen. Beziehen Sie Ihr Privatleben ruhig mit ein. Vielleicht können Sie besonders gut kochen, malen, eine spezielle Sportart treiben, Feste arrangieren und so weiter. Wenn es Ihnen schwer fällt, sich selbst herauszustellen, überlegen Sie: Was würden Kollegen, Freunde oder Bekannte sagen, fragte man sie nach Ihren Stärken?

Ich bin, wie ich bin. Ein Freund gab auf die Frage, weshalb andere ihn gern mögen, spontan zur Antwort: »Weil ich so bin, wie ich bin.« Vielleicht denken Sie jetzt: Das hört sich ziemlich platt an. Mag sein, und doch verbirgt sich hinter dieser vermeintlich banalen Äußerung eine überaus wichtige Erkenntnis. Denn in der Tat sind wir alle so, wie wir sind, mit unserer ganz eigenen Wesensart, den Vorzügen wie auch den Schwächen. Auf unsere Stärken – sofern wir diese überhaupt erkennen – sind wir stolz. Doch unsere Schwächen sind uns ein Dorn im Auge. »Ich war in der Besprechung viel zu zurückhaltend, die anderen haben mich überrannt!«, oder: »Ich muss im Beruf cooler sein, habe wieder zu viel Emotion gezeigt.« Diese oder ähnliche Selbstvorwürfe sind Ihnen vielleicht bekannt. Doch denken Sie daran, dass erwünschte Stärken in veränderten Situationen zu Schwächen werden und vermeintliche Schwächen auch Stärken sind. Die Coolness, die Sie sich im Beruf wünschen, steht Ihnen im Umgang mit Freunden womöglich im Weg. Oder die in der Besprechung unerwünschte Zurückhaltung erweist sich bei einer wichtigen Entscheidungsfindung als kluge Besonnenheit.

Tipp:

Ständige Vorhaltungen sich selbst gegenüber sind eine denkbar schlechte Basis für eine souveräne Ausstrahlung. Akzeptieren Sie Ihre Wesensart, und nehmen Sie Ihre Schwächen als Teil davon an. Das bedeutet keineswegs, dass Sie diese als unabänderlich hinnehmen müssen – im Gegenteil, in vielen Fällen haben Sie die Möglichkeit zu korrigieren. Doch stecken Sie sich realistische Ziele. Denn ebenso wenig wie aus einem ruhigen Menschen ein »Temperamentsbolzen« wird, mutiert ein Energiebündel zur »Ruhe in Person«.

Ich bin schön. Schauen Sie gern in den Spiegel? Stellen wir diese Frage, sind Antworten wie »Dafür habe ich gar keine Zeit«, »Was ich da sehe, begeistert mich nicht gerade«, oder »Am Spiegel gehe ich meistens ganz schnell vorbei« keine Seltenheit. Insbesondere

Frauen lassen nichts unversucht, auch den kleinsten Makel an sich zu entdecken – sind sie doch traditionell auf Schönheitsdenken programmiert.

Es ist nichts dagegen einzuwenden, sich selbstkritisch zu betrachten. Doch wenn wir uns dermaßen auf vermeintliche Fehler konzentrieren, dass wir das Schöne nicht mehr sehen, ist das unserer Stimmungslage und somit unserem Auftreten ganz und gar nicht zuträglich … von Ausstrahlung kann schon gar keine Rede sein.

… entdecken Sie Ihre Schokoladenseite

Tipp:

Betrachten Sie sich *wohlwollend* im Spiegel. Was an Ihnen ist schön oder außergewöhnlich? Sagen Sie jetzt bloß nicht »Brauch ich nicht, an mir ist nichts schön.« Dann verfallen Sie in gewohnte Muster. Dieses Mal sperren Sie den Kritiker in sich weg … Sie gehen auf Entdeckungsreise nach Ihrer Schokoladenseite. Schauen Sie sich ganz bewusst an! Vielleicht ist Ihre Gesichtsform sehr schön oder die Augenpartie? Oder Sie haben eine außergewöhnliche Augenfarbe? Haben Sie Ihre Hände schon einmal bewusst wahrgenommen? Sind die nicht viel markanter, als Sie immer gedacht haben?

Die anderen wertschätzen

Sie halten Ihren eigenen Wert hoch, die beste Voraussetzung, um auch Ihre Umwelt wertzuschätzen. Das bedeutet nicht, dass Sie Kollegen, Mitarbeitern oder Geschäftspartnern ständig Beifall spenden müssen. Das wäre übertrieben, würde sich sehr schnell abnutzen und könnte Ihnen sogar als Unsicherheit ausgelegt werden. Nein, es geht um Wertschätzung im Kleinen, bei alltäglichen Begebenheiten, in fast beiläufigen Äußerungen. Gerade dort sind Menschen äußerst empfänglich für Respekt und Anerkennung. Dazu ein Beispiel aus unserem Leben: Saisonende, hinter uns lagen stressige Wochen der Kollektionsgestaltung mit sehr viel kreativer Arbeit, aufreibender Organisationstätigkeit und unzähligen Besprechungen. An jenem Tag hatten wir dem Vertrieb die Kollektion präsentiert und saßen abends sichtlich erschöpft in unserem Büro. Plötzlich ging die Tür auf und ein externer Berater kam herein. Er strahlte: »Super, Ihre neue Kollektion.« Während er das sagte, holte er zwei Fläschchen Sekt aus den Taschen seines Sakkos und stellte sie vor uns auf den Tisch. In diesem Augenblick erschienen die beiden Fläschchen Sekt wie ganze Kübel voller Champagner und seine anerkennenden Worte waren ein wahres Labsal. Eine kleine Geste mit enormer Wirkung. Wundert es Sie, dass wir jenen Herrn mit seiner wertschätzenden Art in bleibender Erinnerung halten?

Tipp:

Machen Sie aus Ihrem Alltag »Wertschätzungstage«! Sprechen Sie Mitarbeiter und Kollegen mit ihrem Namen an. Benutzen Sie die beiden Zauberworte »Bitte« und »Danke«. Loben Sie Mitarbeiter für ihre gute Arbeit. Zollen Sie dem Geschäftspartner Anerkennung für sein Projekt ... und so weiter. Resümieren Sie am Abend: »Wen habe ich heute wertgeschätzt?«. Schieben Sie direkt die Frage nach: »Habe ich mich heute selbst wertgeschätzt?« Fällt Ihnen dazu nichts ein? Korrigieren Sie am nächsten Tag!

Interessiert sein

Merklich aufgebracht und voller Frustration erzählte ein Kunde, dass er in Besprechungen mit seinem Vorgesetzten jedes Mal das Gleiche erlebe. »Wenn ich ihm etwas mitteile, scheint er überhaupt nicht zuzuhören. Er wirkt desinteressiert, schaut woanders hin oder unterbricht mich, um das Wort an andere zu richten.« Langsam resigniere er, da er sich völlig unwichtig und abgelehnt vorkomme.

Haben wir gerade noch über Wertschätzung gesprochen, bedeutet Desinteresse das krasse Gegenteil, nämlich Geringschätzung.

Zuhören. Menschen, die von anderen als sympathisch und gewinnend wahrgenommen werden, können sich selbst zurücknehmen und aufmerksam zuhören.

Eine typische Situation bringt es auf den Punkt: Zwei Menschen kommunizieren, das heißt, einer erzählt, der andere hört interessiert zu und sagt so gut wie nichts. Der Erzähler schwärmt im Nachhinein von seinem Gegenüber als einem äußerst sympathischen, kultivierten und hoch interessanten Menschen, obwohl er gar nichts über ihn erfahren hat. Weshalb ist er dennoch dermaßen begeistert? Ganz einfach, sein Gegenüber zeigte echtes Interesse und gab *ihm* dadurch das Gefühl, wichtig und anerkannt zu sein. Und da Anerkennung eine der grundlegenden menschlichen Sehnsüchte ist, verwundert es überhaupt nicht, dass achtsame Zuhörer einen so starken Eindruck hinterlassen und dass ihnen automatisch alle möglichen positiven Eigenschaften zuerkannt werden.

Die Kunst des Zuhörens

Mitgehen. Wie das Beispiel zeigt, fasziniert uns an anderen weniger die Geschichte, die *sie* erzählen, als vielmehr die teilnehmende Art und Weise, in der sie sich auf *uns* und unsere Geschichte einlassen. Doch gerade an der Kunst des aufmerksamen Zuhörens und Mitgehens mangelt es sehr vielen Menschen. Sie sind ausschließlich auf ihr Ego fixiert und in dem irrigen Glauben, dass sie durch die unbeschreiblich spannende Darstellung ihrer eigenen Person mächtig Eindruck schinden. Doch was konkret zeichnet einen aufmerksamen Zuhörer aus, und woraus resultiert seine ungeheure Wirkungskraft? Dazu die folgenden drei Empfehlungen:

- *Bekunden Sie Sympathie:* Begegnen Sie dem anderen mit Freundlichkeit und Zuversicht. Lächeln Sie, offenbaren Sie Ihre charmante Seite, halten Sie auf jeden Fall Blickkontakt. Das signalisiert: »Ich bin Ihnen zugewandt und offen für das, was Sie mir sagen.«
- *Seien Sie neugierig:* Senden Sie die Botschaft, dass nichts spannender ist, als das, was der andere Ihnen zu erzählen hat. Stellen Sie Fragen, nicken Sie. Bekräftigen Sie, dass Sie alles richtig verstanden haben.
- *Vermitteln Sie Empathie:* Signalisieren Sie Ihrem Gesprächspartner emotionale Beteiligung. Erleben und empfinden Sie buchstäblich mit, was der andere erzählt. Dadurch fühlt sich dieser

verstanden und geschätzt. Bringen Sie Ihr Einfühlungsvermögen durch Gestik, Mimik oder Stimmlage zum Ausdruck.

Anschauen. Der eingangs geschilderte Kunde hat es klar zum Ausdruck gebracht. Sein Vorgesetzter schaut woanders hin und gibt ihm damit unmissverständlich zu verstehen, dass er an seinen Worten wenig interessiert ist. Wenn Sie als Zuhörer wegschauen, verunsichern Sie Ihren Gesprächspartner erheblich. Schnell legt er das als Desinteresse aus und fühlt sich unbedeutend. Halten Sie hingegen einen wachen und interessierten Blickkontakt, geben Sie ihm zu verstehen: »Ich bin neugierig auf jede Einzelheit, die Sie mir erzählen.«

Tipp:
Freuen Sie sich auf Begegnungen mit Geschäftspartnern, Kollegen oder Mitarbeitern, nach der Devise: »Ich höre Ihnen gern zu.« Beherzigen Sie die Merkmale eines aufmerksamen Zuhörers. Seien Sie Ihrer Umwelt gegenüber zugewandt, offen und neugierig. So gewinnen Sie nachhaltig an positiver Ausstrahlung und erhalten höchste Sympathiepunkte.

Keine runden Sachen

Zeichnen sich wirkungsstarke Personen dadurch aus, dass sie zu allem Ja und Amen sagen? Wohl kaum. Mit dieser Haltung blieben sie unbemerkt, würden nichts bewegen, geschweige denn einen anhaltenden Eindruck hinterlassen. Menschen mit Ausstrahlung scheuen nicht davor zurück, Ecken und Kanten zu zeigen. Jetzt werden Sie vielleicht sagen: »Ist ja alles gut und schön, aber mit dem Anecken ist das im Beruf so eine Sache.« Natürlich sollten Sie keine Kamikaze-Strategien fahren, nach dem Motto: »Koste es, was es wolle, ich gehe niemals Kompromisse ein.« Damit kämen Sie nicht sehr weit. Gemeint ist, dass Sie einen klaren Standpunkt vertreten, auch wenn dieser im Augenblick nicht gerade gefällig ist. Sicher ist das unbequem und erfordert den Mut zum Risiko. Denn Sie müssen in Kauf nehmen, dass die anderen Ihnen zunächst einmal mit Ablehnung begegnen. Doch in der Regel bleiben diejenigen, die Persönlichkeit und Authentizität zeigen, als selbstbewusste und kraftvolle Menschen in Erinnerung. Wer dagegen immer mit dem Strom schwimmt, verblasst schnell in der grauen Masse.

Tipp:

Wenn Sie sich für eine Sache stark machen möchten, überprüfen Sie vorher ganz genau, wie kompetent Sie darin sind, wie sehr Ihnen diese am Herzen liegt und ob es überhaupt lohnt, sich dafür einzusetzen. Sonst vergeuden Sie nur sinnlose Energie.

Die klare Ansage. Ein Kollege überredet Sie, eine Ausarbeitung für ihn fertigzustellen. Sie lassen sich darauf ein, obwohl Sie genau wissen, dass Sie dann Ihre eigene Arbeit nicht bewältigen. Oder: Zur Besprechung kommt ein Mitarbeiter immer wieder zu spät. Sie lassen ihn gewähren und ärgern sich insgeheim über seine Unpünktlichkeit. Kennen Sie solche oder ähnliche Situationen, in denen Sie versäumen, anderen nicht nur Ihre, sondern auch deren Grenzen aufzuzeigen? Meistens steckt die Befürchtung dahinter, anzuecken, bei seinen Mitmenschen in Missgunst zu fallen und dadurch un*be*liebt beziehungsweise un*ge*liebt zu sein.

Grenzenloser Einsatz

Ein Juniorberater meint, dass er wenig Eindruck bei anderen hinterlässt. Das spürt er auch im beruflichen Umfeld. Einige finden ihn ganz nett, aber das war's dann auch. Eigentlich versteht er gar nicht, warum. Er springt sehr oft ein und übernimmt Arbeiten, die gar nicht für ihn bestimmt sind. Dennoch bekommt er wenig Anerkennung. Ganz anders sein Kollege. Die meisten bewundern ihn, obwohl er eigentlich nur das macht, was unbedingt nötig ist. Ziemlich frustriert meint er: »Ich frage mich wirklich, was alle an ihm finden.«

Diese Frage bleibt natürlich offen, doch eines ist klar: Die Tatsache allein, dass wir unserer Umgebung ständig alles recht machen wollen, garantiert uns weder Bewunderung noch hohes Ansehen. Ganz im Gegenteil: Grenzenloser Einsatz wird sehr oft ausgenutzt, unsere Umwelt begegnet uns mit mangelndem Respekt.

Tipp:

Machen Sie Ihren Mitmenschen *Ihre* Grenzen deutlich. Vertreten Sie in kurzen, klaren Sätzen Ihren Standpunkt – freundlich, aber bestimmt. Flüchten Sie sich auf keinen Fall in tausend Rechtfertigungen. Fällt Ihnen das schwer? Dann denken Sie sich am Ende jedes Satzes einen Punkt. Damit stoppen Sie sich selbst, bevor Sie weitere Erklärungen abgeben. Nach außen signalisieren Sie: »Ich bin überzeugt von dem, was ich sage.« Das stärkt Ihre selbstbewusste Ausstrahlung.

Optimismus gewinnt

Der Mitarbeiter einer Beratungsfirma schwärmt, wie herzerfrischend es doch sei, wenn sein Kollege am Montagmorgen optimistisch und gut gelaunt zum Meeting erscheint, während sich die anderen eher bleiern in die neue Woche schleppen … und wie es dem Kollegen immer wieder gelinge, diese brummige Gesellschaft positiv aufzumischen. In der Tat, gute Laune steckt an, sie wirkt wie ein erfrischender Energiestrahl, der andere mitreißt und regelrecht zum Leben erweckt.

Nun mag es sein, dass der oben beschriebene Kollege zu jenen Glückskindern gehört, die als sonnige Gemüter zur Welt kommen und für ihre »Strahlungskraft« eigentlich gar nichts tun müssen. Vielleicht geht es ihm aber genauso wie den anderen Kollegen, nur seine Einstellung ist eine andere. Er nämlich trifft die klare Entscheidung: »Ich beginne die Woche gut gelaunt, anstatt vor mich hinzumurren.« Dadurch setzt er ganz bewusst ein positives Denken in Gang.

Gute Laune steckt an

Positives Denken. Sie verlassen missmutig das Haus, geplagt von Argwohn und Zweifeln, ob der Tag auch nur ein Fünkchen Gutes mit sich bringt. Und genau in dem Moment, als Sie gerade Ihre Aktentasche im Auto verstauen wollen, öffnet sie sich und Ihre sorgfältig sortierten Unterlagen breiten sich auf dem gesamten Gehweg aus. Solche Tage kennen Sie doch ganz bestimmt. In der Firma geht's dann weiter, denn gleich das erste Gespräch mit einem Mitarbeiter führt zum Eklat. Und auch Ihr sonst so geschmeidiger Chef entpuppt sich in der Besprechung als ungewohnt reizbar.

Mit pessimistischen Gedanken ziehen wir das Negative förmlich an. Denn was wir denken, strahlen wir aus, und was wir ausstrahlen, kommt auf uns zurück. Das heißt: Positives Denken bewirkt in der Regel positive Begegnungen, pessimistisches Denken dagegen negative. Doch positives Denken verbessert nicht nur unser Miteinander, es bereichert unsere gesamte Lebensqualität: seelische Verfassung, körperliche Gesundheit und geistige Fähigkeiten. Optimistische Menschen sind sehr oft leistungsfähiger und erfolgreicher im Job, da sie mit Selbstvertrauen und voller Kraft ihre Aufgaben angehen und nicht ständig darüber grübeln, woran sie eventuell scheitern, und was generell alles schiefgehen könnte.

Tipp:
»Es sind nicht die Dinge, sondern unsere Ansichten von den Dingen, die unser Handeln steuern« sagte der griechische Philosoph Epiktet (um 50 – 138 n. Chr.). Weise Worte, die an Aktualität nichts eingebüßt haben. Trainieren Sie daher, positiv zu denken! Beispiel: Ihre Einstellung zu Ihrem Chef ist getrübt. Sie glauben, er hat kein Vertrauen zu Ihnen, weil er immer wieder Projektberichte von Ihnen einfordert. Ist es wirklich so? Kann es nicht genauso gut sein, dass ihm Ihre Arbeit besonders wichtig ist, und er Sie gerade deshalb regelmäßig einfordert? Oder: Mit einem schwierigen Geschäftspartner steht ein Treffen an. Sie überlegen hin und her, ob Sie dieser Situation überhaupt gewachsen sind. Verbannen Sie solche Energie raubenden Gedanken! Rufen Sie sich lieber ähnliche Begegnungen in Erinnerung, die Sie gut gelöst haben. Das stärkt und motiviert Sie.
Mit Sicherheit löst eine lebensbejahende Denkweise nicht all unsere Probleme. Doch sie ist Basis für die positive Entfaltung unserer Persönlichkeit und eine daraus resultierende lebensfrohe und selbstsichere Ausstrahlung.

Humor zieht an. Wünschen sich nicht alle Mitarbeiter einen Chef, der auch mal herzhaft und aufrichtig lachen kann? Ganz bestimmt, denn indem er Humor zeigt, wirkt er viel sympathischer. Das Schöne daran ist, dass der Chef nicht nur seine Angestellten begeistert, sondern sich auch selbst einen Riesengefallen tut. Denn beim Lachen werden Endorphine, freigesetzt.

Nichts zu lachen

Ein Abteilungsleiter, Ende dreißig, empfindet das Verhältnis zu seinem Team als zu distanziert und meint: »Grundsätzlich ist eine gewisse Distanz im Job schon wichtig, doch ab und an, so zum Beispiel in Meetings, könnte es etwas lockerer zugehen.« Woran es liegt, dass die

Stimmung eher unterkühlt ist, weiß er nicht. Denn seine Führungsqualitäten hält er für durchaus respektabel. Er spricht die Einzelnen persönlich an, achtet ihre Meinung und lässt jedem genügend Freiraum, sich wirksam einzubringen. Auf meine Frage, ob die Mitarbeiter auch mal etwas zu lachen haben, reagiert er spürbar befremdet: »An Stammtischatmosphäre habe ich weniger gedacht.«

Leider glauben viele Führungskräfte, wenn sie Humor zeigen, wird nicht nur ihre Kompetenz, sondern auch die Bedeutsamkeit der Situation geschmälert. Wen wundert es also, dass viele Meetings den Eindruck hinterlassen, es werden keine Ideen geboren, sondern welche begraben. Ein Meeting ist kein Stammtisch, das steht außer Frage. Doch Humor hat noch keiner Besprechung geschadet. Ganz im Gegenteil, durch eine scherzhafte Bemerkung löst sich so manche verkrampfte Situation schlagartig auf.

Was passiert beim ausgiebigen Lachen? Vom Kopf bis zum Bauch werden die unterschiedlichsten Muskelgruppen in Aktion versetzt. Die Atmung vertieft sich, dadurch erhöht sich die Sauerstoffanreicherung des Blutes deutlich. Durch das schnellere Schlagen des Herzens wird das sauerstoffangereicherte Blut durch den Körper und ins Gehirn gepumpt. Kurzzeitig ist der Organismus in höchste Aktivität versetzt. Danach tritt ein Entspannungszustand ein, der Blutdruck sinkt. Die Stresshormone Adrenalin und Cortisol werden reduziert und Endorphine ausgeschüttet. Diese Glückshormone bewirken, dass die Stimmung steigt. Also lachen Sie, denn Lachen sorgt für Glücksgefühle, mindert den Stress und ganz nebenbei wird Ihr Immunsystem gestärkt.

Tipp:

Fällt es Ihnen nicht leicht, zu lachen? Lassen Sie sich mitreißen. Suchen Sie die Nähe von Menschen, die Humor haben und herzlich lachen können. Schauen Sie sich lustige Filme oder Theaterstücke an. Lesen Sie ein Buch, das für seinen Witz bekannt ist. Gewinnen Sie alltäglichen Begebenheiten eine komische Seite ab. Lernen Sie vor allem, über *sich* zu lachen. Damit tun Sie sich selbst den größten

Gefallen. Denn indem Sie über eigene kleine Missgeschicke lachen, verlieren diese spürbar an Gewicht ... und Ihr Leben wird viel leichter.

Andere begeistern

Halten Sie einen Moment inne und überlegen Sie, was Sie mit wirklicher Begeisterung erfüllt. Ist Ihnen etwas eingefallen? Bestimmt spüren Sie schon bei dem Gedanken, wie in Ihnen unbändiger Tatendrang wach wird, ähnlich einem Feuer, das sich entfacht.

Während eines Workshops erzählte ein Teilnehmer, dass er sich schon am Abend auf den nächsten Morgen freut, wenn er mit Kollegen und Mitarbeitern wieder neue, spannende Projekte entwickeln kann. Seine Begeisterung wirkt wie ein innerer Motor, der einerseits ihn selbst antreibt und motiviert, durch den er aber andererseits auch seine Umgebung mitreißt. Schon Augustinus (Kirchenvater und Philosoph, 354–430 n. Chr.) bemerkte treffend »In dir muss brennen, was du in anderen entzünden willst.«

Andere entzünden. Kennen Sie jene auf Unmengen von Folien und Charts basierenden Präsentationen mit einem Vortragenden, der sich allein auf die Schlagkraft der Medien verlässt und in einem monotonen Singsang Sätze und Zahlen herunterleiert? Ist der Raum dann auch noch abgedunkelt, entwickelt sich das Ganze sehr schnell zu einer Schlaforgie anstatt zu einem spannenden Event. Was ein solcher Redner unterschätzt beziehungsweise versäumt, liegt klar auf der Hand: Er unterschätzt die Kraft der Persönlichkeit und versäumt, diese lebendig zur Geltung zu bringen.

Wirkungsstarke Menschen verschaffen ihrer Umgebung Erlebnismomente. Sie wecken Bilder und Imaginationen und vermitteln dadurch dem Zuhörer das Gefühl, hautnah am Puls des Geschehens zu sein. Nun ist der Vortrag vor einer Menge von Menschen eine Sache, der normale Berufsalltag eine andere. Selbstverständlich erwartet keiner von Ihnen, Ihrer Umwelt ständig Erlebniswelten zu liefern. Doch auch im täglichen Business können Sie nur punkten, indem Sie lebendig und bildhaft demonstrieren, wie sehr Sie an Ihre Arbeit glauben und davon überzeugt sind … kurzum, indem Sie Ihre Mitmenschen begeistern.

Tipp:

Sie halten öfter Vorträge oder präsentieren vor Gruppen. Natürlich sind technische Hilfsmittel sinnvoll, wenn Sie damit die Inhalte Ihrer Rede untermauern können. Allerdings sollten sie nicht zu Hauptakteuren werden. Versetzen Sie sich immer in Ihre Zuhörerschaft. Womit können Sie diese wirklich fesseln? Überprüfen Sie daher sorgfältig, wie viel an Präsentationsmedien Sie wirklich benötigen, und wie überzeugend jedes einzelne Chart ist.

Nichts als Fakten

Eine Vertriebsleiterin erzählt, dass sie überaus gewissenhaft ist und auf Genauigkeit im Job größten Wert legt. So informiere sie bei monatlich stattfinden Meetings sehr ausführlich und zeitintensiv über Punkte wie Verkaufsstatistiken, Kundenbefragungen et cetera. Leider vermisse sie seitens der Kollegen die nötige Anerkennung für ihren Einsatz. Schon mehrfach seien ihr Bemerkungen wie »Da kommt ja gar nichts rüber!« oder »Nichts als Fakten!« zu Ohren gekommen. Offensichtlich bedrückt, meint sie: »Im Job geht es doch schließlich um Fakten, was soll ich also tun?«

Ihre Sorgfalt und das Bedürfnis, die anderen umfassend zu informieren, muss man ihr hoch anrechnen. Doch was nützt die gründlichste Information, wenn sie keinen berührt. Ich empfehle ihr, das Korsett der rein sachlichen Berichterstattung abzulegen: »Verwandeln Sie Ihren einseitigen Tatsachenbericht in einen erfrischenden Austausch. Lockern Sie langatmige Statistiken mit anregenden Beispielen auf. Sagen Sie den Kollegen, worüber Sie sich freuen, und was Sie sich erhoffen. Beziehen Sie diese mit ein, und tauschen Sie unterschiedliche Sichtweisen aus.« Dadurch macht sie aus der trockenen Berichterstattung einen lebendigen Dialog.

Tipp:

Sprechen Sie auf verständliche Art und Weise und vermeiden Sie synthetisches, hochgestochenes Vokabular.

Begeisterung entwickeln. Wenn wir uns mit Dingen beschäftigen, an denen wir brennend interessiert sind, begeistern wir uns. Doch wie sieht der Alltag oder, konkreter gesagt, das Berufsleben aus? Bestimmt fällt Ihnen einiges ein, bei dem Sie nicht gerade in Hochstimmung geraten. So zum Beispiel der unleidliche Bericht, den Sie schon längst hätten schreiben müssen oder aber das Skript für einen Vortrag, den Sie eigentlich gar nicht halten wollen. Das Dumme ist nur, je missmutiger Sie an diese Aufgaben herangehen, umso schwerer fallen sie Ihnen und umso schlechter sind die Resultate.

Tipp:

Empfinden Sie bestimmte Aufgaben als langweilig oder uninteressant? *Machen* Sie sich diese einfach interessant. Entwickeln Sie aktiv Begeisterung. Der erste Schritt: Entspannen Sie sich. Dadurch bauen Sie innere Blockaden ab und öffnen sich für positive Sichtweisen. Schließlich haben die meisten Dinge auch etwas Gutes. Ergründen Sie also die attraktive Seite Ihrer Tätigkeit. Wahrscheinlich stellen Sie dann fest, dass diese viel interessanter ist, als Sie ursprünglich dachten. Die Folge: Sie sind motivierter, beschäftigen sich immer intensiver damit und Ihre Begeisterung wächst. Denken Sie daran: Niemand erwartet von Ihnen, dass Sie jeder Arbeit himmelhoch jauchzend nachgehen sollen. Doch schon mit einem Mindestmaß an Interesse und Begeisterung macht alles viel mehr Spaß.

Eloquenz begeistert. Geht es Ihnen auch so, Sie begegnen einem sprachgewandten Menschen und sind fasziniert? Die Art und Weise, wie er die Worte setzt, welche er einsetzt, dass er stets die richtigen an der passenden Stelle wählt, oder wie er formuliert, mal klar und präzise, dann wieder spielerischer und mit mehr Finesse, das alles hinterlässt einen tiefen, bleibenden Eindruck. Es scheint, dass redegewandte Menschen Sprache buchstäblich zelebrieren. Das gelingt umso besser, je größer der Wortschatz ist.

Tipp:

Erweitern Sie Ihren Wortschatz! Lesen Sie nicht nur viel, lesen Sie auch anspruchsvoll. Wählen Sie unterschiedliche Themengebiete. Verinnerlichen Sie gekonnte Redewendungen, indem Sie diese laut wiederholen. Notieren Sie sich brillante Formulierungen, beispielsweise aus Zeitungen, Büchern oder Fernsehdiskussionen. Trainieren Sie durch Wortspielereien: Suchen Sie sinnverwandte Wörter, genauso wie Gegenbegriffe … und unterhalten Sie sich mit Menschen, die durch ihre lebendige Sprache fesseln.

Emotionen zeigen

Kennen Sie das? Jemand erzählt Ihnen etwas ohne jegliche Gefühlsregung. Keine Mimik, keine Gestik, noch nicht einmal ein Hauch von Bewegtheit. Es scheint, als sei jene Person überhaupt nicht da. Ganz anders ein Mensch, der emotional beteiligt ist. Durch Stimme, Gesichtsausdruck, Gestik und die Wahl der Worte veranschaulicht er, wie sehr ihm etwas am Herzen liegt.

Die Art und Weise, in der Menschen Emotionen zeigen, ist jedoch sehr unterschiedlich. Es ist immer eine Frage des Temperaments. Manche sind eher feurig und impulsiv, andere drücken sich sparsamer und dennoch – oder vielleicht gerade deshalb – absolut eindrucksvoll und überzeugend aus.

Wenn wir etwas erzählen und dabei Emotionen zeigen, vermittelt das: Wir stehen in lebendiger Beziehung zu dem, worüber wir gerade sprechen. Die Folge: Wir treten auch mit unseren Zuhörern in eine lebendige Beziehung und rufen auch bei diesen Emotionen hervor. Wir lösen Empfindungen wie Freude, Wohlbehagen, Neugierde, möglicherweise sogar Missfallen aus. Aber selbst dann sind wir beeindruckender, als jene, die rein sachlich und nüchtern informieren. Doch Vorsicht! Gerade im Berufsleben heißt »Emotionen zeigen« keineswegs, dass Sie während eines Gesprächs in Tränen ausbrechen oder einen Wutanfall bekommen sollen, nur weil Ihnen in diesem Moment danach zumute ist, oder Sie Ihre Lebendigkeit unter Beweis stellen wollen. Zweifelsohne würden derartig extreme Reaktionen Ihrer souveränen Ausstrahlung erheblich schaden.

Tipp:
Verhalten Sie sich stets in einem für Ihr Berufsleben angemessenem Rahmen. Beispiel: Sie können durchaus Betroffenheit zeigen, doch tun Sie das nicht in einem vermeintlich dazu passenden niedergeschlagenen, zerbrechlich wirkenden Ton. Sagen Sie vielmehr klar und beherzt, was Sie bewegt. Sie signalisieren einerseits Empathie, gleichzeitig aber auch Sicherheit und Souveränität.

Emotionen im Business. Ein in der Tat umstrittenes Thema. Denn landläufig stehen Emotionen weder für fachliche Kompetenz noch für beruflichen Erfolg, im Sinne von: Das Business ist hart, nur der Verstand zählt – also bloß keine Gefühle zeigen. Dementsprechend handeln auch viele Führungskräfte. Rational getrieben, nach Siegerposen und Dominanz strebend, versäumen sie, ihre Mitarbeiter emotional anzusprechen. Dementsprechend sieht es im Berufsalltag aus. Untersuchungen beweisen, wie unzufrieden viele Arbeitnehmer sind. Sie vermissen bei ihren Vorgesetzten die emotionale Ansprache in Form von Verständnis, Motivation und Anerkennung. Dadurch fühlen sie sich nicht als wertgeschätzte Individuen, sondern als Teil einer unwichtigen anonymen Masse. Kein Wunder, dass ihre Leistungsbereitschaft sinkt.

Auch wenn seit einigen Jahren der Aspekt »Emotionen zeigen« als wichtiger Erfolgsfaktor im Business herausgestellt wird, halten sich viele ManagerInnen hier deutlich zurück. Doch als moderne Führungskraft sollten Sie Verstand und Gefühl zu einem intelligenten Führungsstil verknüpfen. Denn das sichert ihnen zufriedene, engagierte Mitarbeiter und damit einen fundierten, langfristigen Erfolg.

Tipp:

Führen Sie mit Gefühl. Grundvoraussetzung: Seien Sie sich Ihrer eigenen Gefühlswelt bewusst. Nur dann können Sie souverän mit den Gefühlen Ihrer Mitmenschen umgehen. Seien Sie tolerant. Öffnen Sie sich für andere Meinungen und Betrachtungsweisen. Lernen Sie Konfliktfähigkeit. Erkennen Sie, dass Konflikte nicht entzweien müssen, sondern eine Chance für neue, spannende Perspektiven bieten. Kommunizieren Sie. Sprechen Sie Ihre Mitarbeiter persönlich an. Zeigen Sie Verständnis für deren Belange. Motivieren Sie, indem Sie Ihrem Team Vertrauen und Anerkennung erweisen und es für neue Ziele begeistern.

Distanz wahren

Alles hat zwei Seiten. So nützt das beste Miteinander nichts, wenn Sie gleichzeitig zu wenig Distanz wahren. Dazu ein Beispiel: Auf der alljährlichen Betriebsfeier wird ausgiebig gefeiert und geschwoft, alle trinken Brüderschaft und freuen sich, dass sie eine große, nette Familie sind – das böse Erwachen folgt am nächsten Tag. Dann nämlich, wenn der Abteilungsleiter einem Mitarbeiter begegnet und gar nicht so richtig weiß, wie er mit ihm umgehen soll. Denn ihm wird bewusst, dass das Verhältnis zwischen ihm und dem Mitarbeiter erheblich an Distanz verloren hat. Distanzverlust bedeutet aber auch Respektverlust, und das ist für Kompetenzausstrahlung alles andere als förderlich.

Zuviel Nähe

Der Inhaber eines mittelständischen Unternehmens bedauert, dass seine Angestellten ihn offenbar nicht ernst nehmen. So verlässt seine Assistentin frühzeitig das Büro, wo sie doch genau weiß, dass an diesem Tag noch ein wichtiges Gespräch geplant war. Oder ein Mitarbeiter verbringt so viel Zeit mit privaten Telefonaten, dass das schon an Geschäftsschädigung grenzt. Der Unternehmer betont: »Mir war immer ein enges und verständnisvolles Verhältnis zu meinen Mitarbeitern wichtig. So kommen einige auch mit privaten Angelegenheiten zu mir. Doch zurzeit zweifele ich ernsthaft an meiner Führungskompetenz. Denn offensichtlich wird mein Entgegenkommen nicht honoriert, sondern ausgenutzt.«

Dass der Unternehmer seinen Angestellten mit Menschlichkeit und Achtung begegnet, ist vorbildlich. Doch was macht er falsch? Er verwechselt ein gesundes Maß an Verständnis mit zu viel Vertraulichkeit. Die Folge: Die Mitarbeiter erkennen ihre Grenzen nicht und machen, was sie wollen.

Tipp:

Eine gute Beziehung zu Ihren Mitarbeitern ist das A und O für ein Erfolg versprechendes Arbeitsverhältnis. Aber Vorsicht! Als Führungskraft müssen Sie Anordnungen treffen und Entscheidungen fällen. Zuviel Vertrautheit schwächt eindeutig Ihre Kompetenzausstrahlung. Halten Sie daher immer die Balance zwischen Nähe und Distanz.

Souverän beim Berufseinstieg

Dieses Kapitel ist insbesondere für Berufseinsteiger gedacht. Wer sich als »Neuzugang« sicher und souverän durch den Berufsalltag bewegen möchte, sollte Folgendes beachten, um nicht ungewollt ins Fettnäpfchen zu treten.

Höflichkeit ist das Fundament für ein gutes Arbeitsklima und spielt deshalb gerade beim Berufseinstieg eine so maßgebliche

Rolle. Grüßen Sie – freundlich und zugewandt, lieber einmal zu viel als zu wenig. Hören Sie aufmerksam »hin«, wenn Sie sich mit Vorgesetzten, Kollegen oder Mitarbeitern unterhalten. Im Kapitel »Interessiert sein« haben wir bereits dargelegt, wie viele Sympathiepunkte Sie dadurch bekommen. Vermeiden Sie es, anderen ständig ins Wort zu fallen. Das zeugt von mangelndem Respekt und macht einen denkbar schlechten Eindruck. Halten Sie Termine ein und seien Sie vor allem pünktlich. Unpünktlichkeit signalisiert, dass Sie unzuverlässig sind – damit können Sie im Berufsalltag keinesfalls punkten. Beherzigen Sie aber vor allem Folgendes: Seien Sie »echt«! Höflichkeit zeugt von Achtung anderen gegenüber und hat immer etwas mit gutem Stil zu tun. Vermeiden Sie es, sich irgendwelche Floskeln »anzutrainieren«, die bei Ihrem Gegenüber als flüchtig rüberkommen. Bekunden Sie lieber aufrechtes Interesse, denn nur dann wirken Sie glaubwürdig und werden auch wirklich als höflich wahrgenommen.

Nicht großspurig sein. Nicht selten sind Berufsanfänger nach guter Ausbildung und erfolgreichem Abschluss »übermotiviert« und haben das Gefühl, am neuen Arbeitsplatz erst einmal alles umkrempeln zu müssen, nach dem Motto: »Jetzt bringe ich hier mal frischen Wind rein«. Auch wenn Sie Ihr Studium mit Auszeichnung absolviert haben, sollten Sie sich diesbezüglich zurücknehmen. Denn es ist weder ein Zeichen von Sicherheit, noch von Kompetenz, wenn Sie sich gleich am Anfang zu sehr in den Vordergrund stellen. Es ist absolut verständlich, dass Sie Ihr erworbenes Wissen gerne praktisch umsetzen möchten, doch gehen Sie behutsam damit vor. Warten Sie erst einmal ab und beobachten Sie mit respektvollem Interesse, wie die Gepflogenheiten in Ihrem Unternehmen sind. Beweisen Sie Feingefühl – damit zeigen Sie Wertschätzung und schaffen die Voraussetzung dafür, dass Vorgesetzte und Kollegen gegenüber Ideen und Anregungen Ihrerseits aufgeschlossen sind.

Diskretion. Wenn Sie die Interessen Ihres Unternehmens mit Integrität und Verantwortungsgefühl vertreten, werden Sie mit Sicherheit als vertrauenswürdiger Mitarbeiter geschätzt. Dazu gehört unbedingt, dass Sie mit Firmeninterna diskret umgehen. Vertrauliches nach außen zu kommunizieren, ist ein absolutes No-Go. Auch intern sollten Sie immer überlegen, welche Informationen ausschließlich für Sie bestimmt sind. Wer alles ausplaudert, gilt im Unternehmen sehr schnell als nicht einschätzbar und unseriös.

Nicht lästern. Tratsch mag für manche Menschen ganz amüsant sein, im Berufsalltag ist er ein absolutes Tabu und gehört damit in die gleiche Schublade wie mangelnde Diskretion. Wenn Sie sich negativ über nicht Anwesende äußern, geht dieser Schuss ganz schnell nach hinten los und Sie selbst stehen unter »Beschuss«.

Nicht zu kumpelhaft sein. Hier knüpfen wir an das Kapitel »Distanz wahren« an. Selbstverständlich sollten Sie auf Ihre neuen Kollegen oder Mitarbeiter offen und positiv zugehen, denn damit schaffen Sie die Grundlage für eine gute Zusammenarbeit. Doch Vorsicht! Ist der Umgang zu vertraulich oder zu kumpelhaft, verlieren Sie schnell an Respekt und damit an Kompetenzwirkung und Souveränität. Wie steht es mit dem »Siezen und Duzen«? In manchen Unternehmen gehört es zur festen Firmenkultur, sich zu duzen – dann sollten Sie sich dieser Regelung natürlich nicht verschließen. Wenn das nicht der Fall ist, überlegen Sie genau: »Ist das Du hilfreich für eine gute Zusammenarbeit oder bedeutet es zu wenig Distanz und erschwert mir dadurch nur den Arbeitsalltag«?

Gute Vorbereitung. Ein wichtiges Meeting findet statt – Ihre Meinung ist gefragt, aber Sie sind schlecht vorbereitet und weichen ständig aus. Keine gute Voraussetzung, wenn Sie sich als neuer Mitarbeiter profilieren möchten. Gehen Sie mit Sorgfalt vor. Klären Sie vorher genau ab, welche Themen im Meeting besprochen werden. Sammeln Sie dann alle Informationen, die für Sie hilfreich sind. Sortieren Sie diese übersichtlich, sodass Sie im Gespräch schnell reagieren können. Räumen Sie sich vor allem genügend Zeit für Ihre Recherche ein. Wie schnell flattert Ihnen etwas Unvorhergesehenes auf den Tisch und Ihr geplanter Zeitrahmen ist im Eimer. Sicherlich können Sie nicht auf jede Situation vorbereitet sein und manchmal gilt es, zu improvisieren. Doch Eines steht fest: Um im

Meeting durch Kompetenz zu glänzen, ist eine sorgfältige Vorbereitung Pflicht.

Klarheit. »Bringen Sie sich klar und deutlich zum Ausdruck«. Das betrifft den Inhalt des Gesagten ebenso wie die Ausführung. Beginnen wir mit der Ausführung: Achten Sie stets auf eine deutliche Aussprache und murmeln Sie nicht gedankenverloren in sich hinein. Gerade eine »saubere« Sprache ist ein Indiz für Kompetenz und setzt Sie sofort in ein gutes Licht. Gleiches gilt für den Inhalt. Wenn Sie fortwährend abschweifen und sich ständig auf Nebenschauplätzen verlieren, vermittelt das Ihrem Gegenüber: Sie haben keinen Überblick. Sprechen Sie dagegen verständlich, mit klar erkennbarem Zusammenhang, signalisieren Sie Professionalität und Sachverstand.

Körpersprache

Das Grundprinzip

Ebenso wie Kleidung und Aufmachung ist die Körpersprache ausschlaggebend für den ersten Eindruck. Kommt die Stimme hinzu, wird der visuelle Eindruck durch deren Klang und die Sprachmelodie ergänzt. Wie bereits erwähnt, ver- und bewertet Ihr Unterbewusstsein alle Informationen, die Sie aus dem äußeren Erscheinungsbild und der Stimme beziehen, in einem rasenden Tempo. Von dieser Auswertung der Äußerlichkeiten hängt die Entscheidung ab, ob Sie einen Menschen näher kennenlernen wollen oder nicht. Bedeutsam für Sie selbst: Ihre Umwelt verfährt in gleicher Weise mit Ihnen. Machen Sie sich das stets bewusst. Führen Sie sich vor Augen, dass unsere Zeit immer schnelllebiger, die Begegnungen immer flüchtiger werden. Häufig wird die Entscheidung »hop oder top« sehr schnell getroffen. Nutzen Sie daher Ihre Möglichkeiten von Beginn an bestmöglich, machen Sie sich Ihre Körpersprache bewusst und optimieren Sie diese, wenn nötig.

Was ist Körpersprache? Bevor sich Sprache entwickelte, kommunizierte der Mensch über den Körper. Somit ist Körpersprache unsere »Ursprache«. Und noch heute läuft der überwiegende Teil der Kommunikation auf diesem nonverbalen Weg. Dagegen ist die Aufnahme der verbal übermittelten Information erschreckend gering.

Wie aber kann man Körpersprache definieren? Der Körpersprache-Guru Samy Molcho bemerkt dazu in seinem Buch »Alles über Körpersprache«: »… Körpersprache ist der Ausdruck unserer Wünsche, unserer Gefühle, unseres Wollens, unseres Handelns. Sie verkörpert unser Ich.« Somit offenbart sie unsere Persönlichkeit mehr und vor allem unmittelbarer als jedes gesprochene Wort.

Wie äußert sich Körpersprache? Der Körper teilt sich durch Haltung, Gang, Gestik, Mimik und auch durch die Stimme mit. Stetig senden und empfangen wir Signale, es findet ein ununterbrochener Wechsel von Aktion und Reaktion statt – dieser ist sowohl »intern« als auch »extern« wahrnehmbar. Beispiel: ein schnellerer Herzschlag, ein Schaudern, das uns über den Rücken läuft oder eine plötzliche Hitzewallung. In diesem Falle kommuniziert unser Körper intern, das heißt mit uns selbst, und zeigt durch bestimmte Reaktionen seine augenblickliche Befindlichkeit an. Dagegen nimmt unser Gegenüber extern wahr, ob sich beispielsweise unsere Augen vor Entsetzen weiten oder vor Wut zu Schlitzen verengen, ob uns der Mund vor Erstaunen offen steht oder wir die Lippen als Zeichen unserer Abwehr zusammenpressen. Erweitert wird diese mimische Informationsübermittlung durch Gestik und Körperhaltung. Sowohl äußerlich als auch innerlich stellt sich unsere Körpersprache unmittelbar ein – ob wir es wollen oder nicht.

Doch woher haben wir diese Gabe? Grundlegendes ist in unserer Genetik verankert, den Rest haben wir durch Nachahmen erlernt. Denn schon als Kinder schauen wir uns vieles ganz automatisch von unserer Umwelt ab, oder es wird uns regelrecht anerzogen. Ganz bestimmt sind Ihnen Aussagen wie: »Sitz nicht so krumm!« oder »Halt dich gerade!« bestens bekannt.

Generell stellt sich die Frage, ob sich Körpersprache überall auf der Welt in gleicher Weise äußert. Bei den Grundgefühlen wie Angst, Trauer, Wut, Freude und Liebe ist das tatsächlich der Fall. Wiederum sind andere Gefühle in ihrer Ausdrucksform abhängig vom kulturellen Umfeld. Denn alles, was erlernt ist, kann sich von Kultur zu Kultur, von Mensch zu Mensch oder auch von Mann zu Frau unterschiedlich darstellen.

Im Übrigen: Die Körpersprache eines Menschen ist niemals nur anhand einer Geste zu entschlüsseln. Man muss immer den Gesamteindruck der Signale erkennen und die Gesamtheit von Person und Situation sehen.

Welche Beziehung besteht zwischen der inneren Haltung und der Körpersprache? Ein Beispiel: Sie sitzen völlig überarbeitet an

Ihrem Schreibtisch. Der Kopf hängt, die Schultern sind eingeklappt, der Rücken gebeugt, insgesamt sind Sie augenfällig eingesunken. Nur noch ein leichter Schubs von hinten, und Sie fallen mit Ihrem Kopf auf die Schreibtischplatte. Ihr Körper zeigt deutlich: Die Last der Arbeit, womöglich auch der Verantwortung, drückt Sie nieder. Doch sind Sie diesem Gefühl ausgeliefert? Nein, Sie können etwas dagegen tun: Richten Sie Ihren Rücken auf, straffen Sie Ihre Schultern und heben Sie Ihr Kinn. Verharren Sie ganz bewusst einen Moment in dieser Haltung, und Sie werden feststellen, das Gefühl der Überforderung hat Sie nicht mehr im Griff.

Welche Erklärung gibt es dafür? Zwischen innerer und äußerer Haltung besteht – und das ist eine außerordentlich wichtige Erkenntnis – eine Wechselwirkung. Das bedeutet, nicht nur unser Denken und Fühlen drückt sich über die Körpersprache aus, es funktioniert auch andersherum. Über unsere Körpersprache nehmen wir nämlich auch Einfluss auf unser Empfinden. Körper, Geist und Seele sind in einem ständigen Austausch und beeinflussen sich wechselseitig. Setzen Sie diese Wechselwirkung bewusst zu Ihrem Vorteil ein.

Welche grundsätzlichen Ausdrucksformen unterscheiden wir bei der Körpersprache? Zur Verdeutlichung die folgenden drei Gegensatzpaare:

- »Bewegung« kontra »Starrheit«
- »Öffnung« kontra »Verschließung«
- »von unten nach oben« kontra »von oben nach unten«

Wenn Sie sich fragen, welche dieser Ausdrucksformen als positiv wahrgenommen werden und welche nicht, liegt die Antwort auf der Hand: Eine bewegte Körpersprache ist positiver als eine erstarrte. Denn Bewegung ist aktiv und flexibel, Starrheit dagegen passiv und blockierend.

Wie sieht es mit Öffnung und Verschließung aus? Hier besteht ein direkter Zusammenhang zu den beiden ersten Begriffen. Mit offenen Armen bekunden Sie Ihrer Umwelt nicht nur Vertrauen, sondern auch die Bereitschaft zu agieren. Dadurch strahlen Sie Beweglichkeit aus. Dagegen wirken Sie mit eng verschränkten Armen verschlossen und starr.

Bleibt noch das dritte Gegensatzpaar. Wenn Sie sich freuen, werfen Sie vor Begeisterung die Arme in die Luft oder springen in die Höhe – zumindest würden Sie es gern tun. Demnach sind Bewegungen von unten nach oben positiv besetzt. Dagegen wirken von oben nach unten gerichtete Bewegungen oder Haltungen negativ oder auch dominant. Denken Sie nur an Menschen mit hängendem Kopf oder nach unten gezogenen Mundwinkeln. Und auch das vordergründig nette Auf-die-Schulter-Klopfen ist nicht ganz so positiv, wie es vielleicht scheinen mag. Denn bei diesem dominanten Bewegungsmuster stellt sich der Auf-die-Schulter-Klopfende hierarchisch über den anderen.

Was der Körper signalisiert

Unser Körper teilt sich uns selbst und anderen in seiner Gesamtheit mit. Schon die Körperhaltung sendet Signale aus und das im Stehen, Gehen oder Sitzen. Hier ist der komplette Bewegungs- und Halteapparat involviert. Dagegen verleihen Arme und Hände unserer Gestik den besonderen Ausdruck. Sie zeugen von unserem Temperament. Die Gefühle offenbaren sich am deutlichsten über das Gesicht. Die Hauptakteure sind der Mund und die Augen. Unverkennbar machen sie sichtbar, ob jemand traurig, ängstlich oder freudig erregt ist. Und sogar die Haut teilt Gefühle mit. Beispielsweise erröten wir vor Scham oder bekommen Gänsehaut vor Ergriffenheit.

Aber Achtung! Bisweilen werden auch widersprüchliche Signale ausgesendet. Beispiel: Ihr Gegenüber sitzt da mit verschlungenen Beinen, gestikuliert gleichzeitig aber offen mit Armen und Händen. Oder die Worte senden eine andere Botschaft aus als der Körper. So betont jemand, wie sehr er sich freut, Sie zu sehen, verschränkt jedoch gleichzeitig die Arme und lehnt den Oberkörper zurück. Solche und ähnliche inkongruente Botschaften wirken auf den Betrachter irritierend und unaufrichtig. Sie hinterlassen ein Gefühl des Misstrauens.

Tipp:
Seien Sie authentisch in Ihrer Körpersprache. Streben Sie niemals an, sich zu verstellen oder zu dressieren, sondern *optimieren* Sie Ihre Körpersprache. Das heißt: Seien Sie sich selbst und Ihrer Körpersprache gegenüber achtsam und greifen Sie, wenn nötig, korrigierend ein. Nur so gewinnen Sie auf überzeugende Weise an Souveränität.

Haltung bewahren

Wie beschreibt man eine positiv wirkende Körperhaltung? Klar, sie ist aufrecht und gerade. Schon als Kinder haben wir gehört: »Halt dich gerade!«. Doch wie sieht das im Detail aus? Wie halten wir den Kopf, wie sieht es mit der Körperspannung aus, und wie ist die beste Fußstellung? Gehen wir dazu den Körper von oben nach unten durch.

Die Kopfhaltung. Der Hals ermöglicht dem Kopf, sich zu bewegen. Halten Sie daher Ihren Nacken beweglich, denn »Halsstarrigkeit« im körperlichen wie auch im übertragenen Sinn ist Zeichen von Eingefahrenheit und Unflexibilität. Auch die Wahrnehmungsfähigkeit leidet stark. Dagegen erweitert ein beweglicher Nacken Ihr Blickfeld und lässt Sie aktiv an Ihrer Umgebung teilhaben.

Was jedoch sagen die grundlegenden Kopfhaltungen aus, wie wirken Sie auf den Betrachter? Recken Sie beispielsweise das Kinn nach oben, wirkt das »hochnäsig«, Sie schauen Ihren Gesprächspartner von oben herab an. Halten Sie den Kopf gesenkt, wirken Sie demütig und unsicher. Drehen Sie dagegen den Kopf weg und schauen an dem anderen vorbei, scheinen Sie desinteressiert und teilen Ihre Missachtung auch körpersprachlich mit. Der zur Seite geneigte Kopf ist ein Phänomen, das häufiger bei Frauen als bei Männern zu beobachten ist. Mit dieser Haltung signalisieren Sie

Ihrem Gesprächspartner Mitgefühl und Verständnis. Erfordert die Gesprächssituation eine solche Atmosphäre, ist dies durchaus angebracht. Geht es jedoch um die Sachebene und um das Durchsetzen Ihrer Belange, meiden Sie diese Kopfhaltung. Sie wirken sonst wenig entschlossen. Möchten Sie Selbstbewusstsein signalisieren, ohne dabei arrogant zu wirken? Dann favorisieren Sie die gerade Kopfhaltung. Denn so ist ein direkter, offener Blickkontakt auf gleicher Ebene möglich.

Empathisch mit seitlich geneigtem Kopf (links). Selbstbewusst mit gerader Kopfhaltung (rechts).

Tipp:

Setzen Sie sich einem Partner gegenüber, und probieren Sie die oben beschriebenen Kopfhaltungen nacheinander aus. Verweilen Sie einen Moment in der jeweiligen Haltung, und *spüren* Sie, wie sich diese anfühlt. Nun fragen Sie Ihren Partner, wie er Sie als Betrachter empfindet. So verinnerlichen Sie das Gefühl, das sich bei Ihnen durch die unterschiedlichen Kopfhaltungen einstellt. Darüber hinaus sensibilisieren Sie sich für Ihre Wirkung auf andere.

Die Schultern, der Rücken, der Brustkorb. Zeigen Sie »Rückgrat«, wirken Sie »aufrichtig«, egal, ob Sie stehen, sitzen oder gehen. Richten Sie die Wirbelsäule auf, und präsentieren Sie sich in voller Größe. Häufig werden große Menschen – gerade im beruflichen Umfeld – bevorzugt behandelt. Man traut Ihnen mehr zu, und sie verdienen besser als kleinere Kollegen. Warum sich also kleiner machen als man ist? Stehen Sie aufrecht, nehmen Sie Ihre Schultern nach hinten. Dadurch wirken Sie breiter und steigern Ihre körperliche Präsenz. Insgesamt erscheinen Sie gewichtiger. Hinzu kommt, dass Sie durch das Zurücknehmen der Schultern Ihren Brustkorb »öffnen«. So kann der Atem frei fließen. Diese Haltung ermöglicht Ihnen, ungehindert und flexibel zu agieren. Gleichzeitig vermitteln Sie Ihrem Gegenüber einen »aufrichtigen« und offenen Charakter. Aber nicht nur das, auch Ihre Selbstwahrnehmung wird positiv beeinflusst. Doch achten Sie immer auf eine entspannte Schulterpartie! Denn hochgezogene Schultern wirken verkrampft. Gleichzeitig erscheint der Kopf wie eingezogen und Sie selbst ängstlich und kleiner als Sie sind, geradeso, als ob Sie sich unsichtbar machen wollten.

Tipp:

Haben Sie das Gefühl, dass Sie Ihre Schultern angespannt nach oben ziehen? Dann stellen oder setzen Sie sich aufrecht hin, und heben Sie die Schultern bis zu den Ohren an. Halten Sie ein paar Sekunden und lassen Sie die Schultern dann wieder fallen. Machen Sie diese Übung ein paar Mal hintereinander. Sie werden feststellen, dass sich Ihre Schultern spürbar entspannen.

Das Becken, die Beine, Knie und Füße. Auf »eigenen Füßen stehen Sie fest im Leben«. Sorgen Sie für eine gute Erdung durch stabilen Bodenkontakt. Nehmen Sie eine offene Haltung ein, indem Sie mit hüftbreit auseinandergestellten Füßen sicher auf dem Boden stehen und die Fußspitzen leicht nach außen zeigen. Belasten Sie beide Beine gleich. Da ein ständiger Wechsel von Stand- und Spielbein Sie nervös und unsicher erscheinen lässt, verändern Sie nicht dauernd Ihre Position. Darüber hinaus ist in der Standbein-Spielbein-Position Ihr Becken abgeknickt. Das führt zu einer Instabilität der Haltung und gleichzeitig auch zur Unflexibilität der Bewegung. Sie »rasten« förmlich in Ihrer Körperhaltung ein. Da aber Körper, Geist und Seele in ständigem Austausch stehen, wird mit dem Körper auch Ihr Geist unflexibel und instabil. Gleiches geschieht übrigens, wenn Sie die Knie nach hinten durchdrücken. Bleiben Sie daher in den Knien locker, das wirkt nicht nur entspannter, Sie fühlen sich auch so.

Die Körperspannung. Weder eine schlappe Haltung ohne jegliche Spannung noch eine völlig überspannte – Sie kennen das Imponiergehabe von Tarzan, wenn er sich auf die Brust trommelt – sind Ihrer körperlichen Präsenz förderlich. Was bei der einen Haltung energielos und resigniert erscheint, wirkt bei der anderen aufgeblasen, steif und wenig authentisch. Die Wahrheit liegt in der Mitte. Mit einer flexiblen, natürlichen Körperspannung strahlen Sie Souveränität und Selbstsicherheit aus.

Zu wenig Körperspannung

Ein selbstständiger Berater ist sich in Outfitfragen unsicher: »Meine Anzüge sehen zwar auf den ersten Blick ganz gut aus, aber es fehlt ihnen der letzte Schliff.« Fragend steht er vorm Spiegel: »Sehen Sie, was ich meine?« Ich sehe, was er meint. Allerdings liegt der Knackpunkt woanders, weniger beim Anzug als vielmehr bei seiner Körperhaltung. Sie ist schlaff, es fehlt ihr an Spannung und dynamischem Ausdruck. Dadurch strahlt er wenig Kraft aus. Ich bitte ihn, sich aufrecht hinzustellen und die Schultern bewusst nach hinten zu nehmen – ohne zu übertreiben und ohne sie hoch zu ziehen. Erstaunt betrachtet er sich und stellt fest: »Verblüffend, was das ausmacht. Ich sehe wesentlich entschlossener aus … plötzlich wirkt auch mein Anzug ganz anders, viel schnittiger.«

Mein Rat: »Schärfen Sie Ihr Bewusstsein für Ihre Körperhaltung. Überprüfen Sie diese immer wieder zwischendurch. Und wenn Sie merken, Sie sacken ein, straffen Sie sich ganz bewusst.«

Tipp:

Wenn Sie sich unsicher sind, wie sich eine »gute« Körperspannung anfühlt und wie diese wirkt, probieren Sie folgende Übung: Stellen Sie sich vor einen Spiegel. Machen Sie sich zunächst einmal ganz schlapp. Kopf, Schultern und Arme hängen schlaff herunter, Beine und Rücken sind leicht gebeugt. Verharren Sie in dieser Haltung, spüren Sie und schauen Sie: Wie fühlt sich das an? Wie wirkt es nach außen? Nun gehen Sie in das andere Extrem, blähen Sie sich regelrecht auf. Auch in dieser Haltung verweilen Sie für einen Moment. Wie fühlt es sich an, und wie sieht es aus? Wechseln Sie jetzt in die normale Haltung. Nun ist Ihr Körper ausbalanciert: gerader Stand, natürlicher, unverkrampfter Brustkorb, dynamisch und gleichzeitig entspannt.

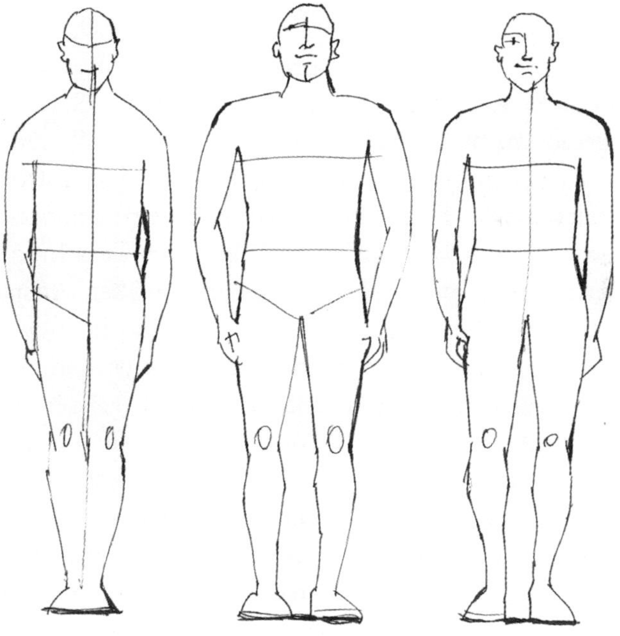

Schlaff, aufgebläht, dynamisch und entspannt (von links nach rechts)

Zusammenfassend gilt. Eine selbstbewusste, souveräne Wirkung erzielen Sie mit einer aufrechten, offenen Körperhaltung. Der Kopf ist nach vorne ausgerichtet und gerade. Die Füße stehen hüftbreit auseinander und sind gut geerdet. Der Körper ist in einer flexiblen Spannung. Wohin mit den Händen? Legen Sie Ihre Hände in Bauchhöhe ruhig und locker ineinander.

Von großen Gesten …

Hauptakteure unserer Gestik sind die Arme und insbesondere die Hände. Schon unsere Sprache macht deutlich, wie wichtig Hände sind: Es liegt auf der Hand, sein Schicksal in die Hand nehmen, mit Fingerspitzengefühl. … um nur ein paar Formulierungen zu nennen, die die Kraft der Hände ausdrücken. Schließlich verleihen sie uns die Macht, zu handeln. Sie sind unsere wichtigsten Werkzeuge. Außerdem zeigen wir durch die Gestik unserer Arme und Hände körperliche Präsenz und bringen unser Temperament wirkungsvoll zum Ausdruck. Menschen, die ohne Gesten sprechen, wirken teilnahmslos, energielos, resigniert, nicht überzeugt von dem, was sie sagen oder auch sehr beherrscht oder introvertiert. Andererseits macht hektisches Herumfuchteln einen nervösen und unsicheren Eindruck. Geballte Fäuste oder verschränkte und zusammengepresste Hände sind Zeichen großer Anspannung oder Ablehnung. Dagegen demonstrieren locker in- oder aufeinander liegende Hände Entspanntheit. Generell wirken große und klare Gesten selbstsicher, da sie eher bedacht als gehetzt und doch dynamisch und engagiert erscheinen. Sie strahlen eine souveräne Gelassenheit aus.

Auch für Ihre Gestik gilt: Offene Bewegungen, die aus einer offenen Körperhaltung resultieren, werden positiv wahrgenommen. Auch sichtbare Handflächen signalisieren Offenheit und schaffen so die Basis für Vertrauen. Wenn Sie zum Beispiel während einer Präsentation etwas am Flipchart zeigen, tun Sie das immer mit sichtbarer Handfläche und nie mit nach vorne gerichtetem Handrücken. Letzteres vermittelt den Eindruck, als ob Sie etwas verdecken wollten und wirkt zudem abweisend.

Wenig Wirkung ohne Gestik (links).
Körperliche Präsenz durch klare Gesten (rechts).

Tipp:
Zeigen Sie Ihre Hände! Widerstehen Sie dem Impuls, diese in Ihren Hosentaschen, hinter Ihrem Rücken oder unter dem Tisch zu verstecken. Schließlich haben Sie nichts zu verbergen. Achten Sie darauf, dass Sie oberhalb der Gürtellinie gestikulieren und die Bewegungen Ihrer Hände und Arme nach oben gerichtet sind.

Tipp:
Passen Sie Ihre Gestik der Raumgröße an. In einem kleinen Raum wirken übertrieben ausholende Gesten ebenso unangebracht, wie sparsame, kleine Gesten in einem riesigen Saal.

»Flatternde« Hände

Eine Kundin erzählt mir, dass sie gern beruflich weiterkommen würde, ihr Vorgesetzter ihr aber offensichtlich nicht mehr Verantwortung zutraue. Und das, obgleich sie ihre Aufgaben absolut zur Zufriedenheit aller erfülle. Während sie das erzählt, flattern ihre Hände wirr und planlos umher. Dadurch wirkt sie fahrig und unkonzentriert. Auf meine Frage, ob sie gerade besonders aufgeregt sei, oder ob das ihrer üblichen Ausdrucksform entspräche, erklärt sie: »Natürlich bewegt mich dieses Thema, aber das ist schon meine Art, zu gestikulieren.« Ich weise sie darauf hin, wie bedeutend die Gestik für eine souveräne Ausstrahlung gerade im Berufsleben ist und empfehle ihr: »Achten Sie unbedingt auf ruhige, gelassene Bewegungen, und setzen Sie diese sparsam ein. Ganz bestimmt wird auch Ihr Chef Sie dann anders wahrnehmen, nicht mehr als zerstreut und so, als seien Sie bestimmten Aufgaben nicht gewachsen, sondern tatkräftig und selbstsicher.«

Die häufigsten Fehler

Gesten mit dem Zeigefinger. Sehr häufig bekräftigen Menschen die Bedeutsamkeit ihrer Worte mit erhobenem Zeigefinger. Vermeiden Sie dies, denn in der Regel wird es als bedrohend, anmaßend oder belehrend wahrgenommen.

Eng verschränkte Arme. Eng verschränkte Arme mit hochgezogenen Schultern sind Zeichen der Ablehnung oder Blockade. Kommt noch ein kritischer Gesichtsausdruck hinzu, ist der Eindruck komplett. Dagegen sind lose verschränkte Arme meist nur Ausdruck einer Ruheposition – wir müssen im Augenblick nicht handeln. Die Schultern sind dabei entspannt und die Verschränkung eher tief angesetzt. Doch Vorsicht: Auch diese »Ruheposition« wird von unserem Gegenüber häufig als abweisend empfunden. Wichtig zu wissen: Mit verschränkten Armen sinkt unsere Aufnahmebereitschaft – wir versperren uns.

… und bewegter Mimik

Einiges, was wir sehen oder hören, ruft ein »Stirnrunzeln« hervor, über anderes »rümpfen wir die Nase«, für bestimmte Dinge haben wir einen »guten Riecher« und die Gefühle stehen uns »ins Gesicht geschrieben«. Sie sehen, auch unsere mimischen Qualitäten sind fester Bestandteil des verbalen Ausdrucks. Ein lebendiges, offenes und ausdrucksvolles Minenspiel veranschaulicht das Gesagte – illustriert es gleichermaßen. Was kann anregender sein, als sich mit einem Menschen zu unterhalten, der mit einer variationsreichen und lebendigen Mimik seine Rede untermalt? Dieses Minenspiel wird maßgeblich bestimmt von Augen und Mund.

Das Auge lacht mit. Kennen Sie folgende Situation? Ihr Gegenüber lächelt Sie an, und doch beschleicht Sie ein merkwürdiges Gefühl des Misstrauens. Ist dieses Lächeln ernst gemeint? Wenn sich nur der Mund zum Lächeln verzieht, höchstwahrscheinlich nicht. Denn an einem wahren Lächeln sind auch die Augen beteiligt. Außerdem haben Sie sicherlich schon bemerkt, dass ein Lächeln, das von Herzen kommt, nachhallt. Es verschwindet nicht mit einem Schlag, sondern erfüllt durch sein Strahlen auch noch Sekunden später das ganze Gesicht.

Worin besteht die ungeheure Kraft des Lächelns? Mit einem Lächeln wecken Sie Sympathie, Sie wirken offener und können so leichter Kontakt zu anderen aufnehmen. Sie treten mit Ihrem Gegenüber in Beziehung und schaffen dadurch eine hervorragende Basis für weitere Kommunikation. Ganz davon abgesehen ist Lächeln ein absoluter Stimmungsaufheller – nicht nur für Sie selbst, auch für die Person, die Sie anlächeln.

Doch bei allen positiven Wirkungen und »Eisbrecherqualitäten« des Lächelns ist in manchen Situationen des Berufsalltags ein emotionsloses »Pokerface« angebracht. Dann nämlich, wenn es um hierarchische Machtspielchen geht, oder Sie sich in Ihrer Position behaupten müssen. Insbesondere Frauen setzen dann gern ein artiges »Verbindlichkeitslächeln« auf und erreichen damit nur, dass ihre Umwelt sie als harmlos und wenig durchsetzungsfähig einstuft. Hinterfragen Sie immer, welchen Beweggrund Ihr Lächeln hat. Ist es ein Lächeln aus Unsicherheit, nach dem Motto: »Ich tu dir nichts, tu du mir auch nichts«, oder wollen Sie damit verbindlich wirken? Vielleicht möchten Sie auch bewusst mit Ihrem Lächeln eine festgefahrene Situation entspannen, oder aber es kommt einfach von Herzen, weil Sie sich freuen, jemanden zu sehen?

Tipp:
Seien Sie empfindsam für Ihre »Lächelmotivation«, und überlegen Sie, ob ein Lächeln in dieser oder jener Situation wirklich angebracht ist oder ob es nur einer Verlegenheit entspringt. Denn manchmal können Sie nur mit ernster Miene Glaubwürdigkeit und Kompetenz ausstrahlen.

Blicke sprechen Bände. Ihre »Augen sagen mehr als tausend Worte«. Der Blick verfügt über ein außerordentliches Vokabular in der Sprache der nonverbalen Kommunikation. Blicke können einerseits liebevoll oder interessiert, andererseits aber auch abschätzig und vernichtend sein. »Wenn Blicke töten könnten …« – wir kennen alle diese Redewendung. Tatsache ist, dass unsere Haltung anderen gegenüber sich nur allzu oft in unserem Blick offenbart.

Im westlichen Kulturkreis zeugt ein direkter, offener Blickkontakt von respektvollem Verhalten. Schauen Sie Ihren Gesprächspartner nicht klar und offen an, hat er oder sie das Gefühl, Sie hätten etwas zu verheimlichen. Oder aber, Sie vermitteln den Eindruck von Unsicherheit und Schüchternheit. Doch beides sind sicherlich keine Ausdrucksvarianten, die Ihnen im Beruf zum Vorteil gereichen.

Sind Sie in der Rolle des Zuhörers, schauen Sie dem Erzählenden aufmerksam in die Augen. Dadurch signalisieren Sie Interesse und Wertschätzung. In die Augen schauen bedeutet jedoch nicht anstarren. Lassen Sie Ihren Blick auch einmal über das Gesicht wandern. Mal schauen Sie in die Augen, mal auf die Nase oder den Mund. Das macht Ihren Blick beweglich und wirkt nicht bedrohlich. Schauen Sie allerdings an Ihrem Gesprächspartner vorbei, wirken Sie nicht nur desinteressiert, sondern auch geringschätzig. Ignorieren Sie beispielsweise visuell einen Mitarbeiter, der Ihnen Bericht erstattet, wertet dieser das sehr schnell als Demonstration Ihrer Macht.

Auch in der Rolle des Sprechenden schauen Sie Ihr Gegenüber beweglich und lebhaft an. Doch in dieser Situation können Sie zwischen Anschauen und Abwenden des Blickes wechseln. Das gibt Ihnen die Möglichkeit, sich immer wieder zu sammeln, gleichzeitig aber auch in stetigem Kontakt zu Ihrem Gesprächspartner zu bleiben – allein schon, um seiner Mimik Rückmeldung zu entnehmen: Schaut er noch interessiert oder langweilt er sich, stimmt er Ihnen zu oder ist er anderer Meinung?

Wandert Ihr Blick allerdings hektisch und unstet hin und her, wirken Sie ängstlich, gehetzt oder unsicher. Vermeiden Sie eines auf jeden Fall: Ihr Gegenüber zu fixieren! Denn das wird als Machtkampf empfunden, nach dem Motto: »Wer ist der Stärkere von uns beiden?«

Tipp:

Achten Sie gerade bei der Begrüßung darauf, einen guten Blickkontakt herzustellen. Schauen Sie Ihrem Gegenüber offen und ruhig ins Gesicht. So stellen Sie eine gute Vertrauensbasis her. Ist Ihr Blickkontakt zu kurz oder etwa gar nicht vorhanden, macht das Ihr Gegenüber misstrauisch.

Mündliche Präsenz. Wie die Augen, so bestimmt auch der Mund maßgeblich unsere Mimik. Ob uns »der Mund staunend offen steht« oder wir mit »hängenden Mundwinkeln« durchs Leben gehen, unsere emotionale Befindlichkeit zeigt sich durch den Ausdruck des Mundes. Außerdem teilen wir uns durch den Mund verbal der Umwelt mit, durch ihn übermitteln wir unsere in Worte gefassten Gedanken.

Ist Ihr Mund manchmal verkniffen, Lippen und Kiefer sind fest zusammengepresst? Das ist entweder ein Zeichen völliger Anspannung, oder aber die Reaktion darauf, dass das, was Sie sehen oder hören, Ihnen gänzlich missfällt. Durch diese Anspannung im Kiefer- und Mundbereich entsteht eine Sperre, und Sie müssen zuerst einen Widerstand überwinden, wenn Sie den »Mund aufmachen« wollen. Ihrer Umwelt signalisieren Sie: »Ich verschließe mich und bin zu keinerlei Austausch bereit!« Ein entspannter Mund – das heißt, die Lippen sind weich und die Zähne nicht aufeinandergepresst – ist die beste Voraussetzung dafür, dass Sie jederzeit frei Ihre Meinung äußern können. Achten Sie daher – gerade in schwierigen Situationen – darauf, Ihre Gesichtsmuskulatur zwischendurch immer wieder bewusst zu entspannen.

Verkniffen oder entspannt?

Tipp:
Wenn Sie vor Besprechungen oder Präsentationen verkrampft sind, machen Sie zuvor Lockerungsübungen. Schneiden Sie im stillen Kämmerlein wilde Grimassen, das lockert die Gesichtsmuskulatur.

Das wirkt stimmig

Unsere Stimme transportiert unsere Gedanken. Doch, was ist wichtiger, die Stimme oder der Gedanke, also das »Was« oder das »Wie«? Ein Beispiel: Sie möchten ein weinendes Kind beruhigen.

Was besänftigt es eher, *was* Sie ihm sagen, oder die Art und Weise, *wie* Sie es ihm sagen? Ganz bestimmt zögern Sie keinen Augenblick mit der Antwort. Jetzt werden Sie sich fragen, was das mit Ihrem Beruf zu tun hat? Auch im beruflichen Umfeld ist dieser Gesichtspunkt durchaus relevant. Sie kennen die Redewendung: »Der Ton macht die Musik«. Tragen Sie beispielsweise eine inhaltlich brillante Rede in einem monotonen Singsang vor, wird sich Ihr Publikum kaum das Gähnen verkneifen – vielleicht schläft der eine oder andere sogar ein. Die Zuhörer übertragen automatisch den langweiligen Vortrag auf den Inhalt – es springt kein Funke über. Dagegen können Sie mit einem mittelmäßigen Inhalt Ihre Zuhörerschaft geradezu fesseln, wenn Sie Ihren Vortrag stimmgewaltig und moduliert inszenieren. Selbstverständlich soll das keine Aufforderung zum Blenden sein. Doch das Beispiel zeigt, um wie viel größer Ihr Potenzial ist, wenn Sie einen gut vorbereiteten Inhalt noch dazu interessant und stimmlich melodisch darbieten.

Was müssen Sie dazu tun? Sprechen Sie klar und deutlich, mit Modulation und Rhythmus in der Stimme – mal lauter, mal leiser, mal schneller, mal langsamer, achten Sie auch auf gut gesetzte Pausen. Machen Sie nie den Fehler, alles gleich stark zu betonen. Denn das irritiert den Zuhörer, er fragt sich unweigerlich, warum Sie so aufgebracht sind. Wenn Sie zu schnell reden, erwecken Sie den Eindruck, als ob Sie Ihre Rede möglichst rasch hinter sich bringen wollten – Sie wirken unsicher. Zu guter Letzt: Sorgen Sie für Entspannung. Denn Stimme hat mit Stimmung zu tun, und Anspannung wirkt sich auch auf Ihre Stimmbänder aus. Die Folge: Ihre Stimme wird höher und wirkt angestrengt. Das ist natürlich gerade für die weibliche Stimme gefährlich, da diese ohnehin höher angelegt ist und dadurch leicht eine aggressive Komponente erhält.

Tipp:

Vermeiden Sie es, sich zu räuspern oder zu husten, um vermeintlich Ihre Stimme zu »lockern«. Gute »Warm-up-Übungen« für Ihre »Sprechwerkzeuge« sind: Gähnen, Seufzen, Blubbern und Pferdeschnauben.

Tipp:

Nur mit einer guten Körperhaltung und -spannung können Sie stimmgewaltig sein. Die richtige Atemtechnik komplettiert das Rüstwerk eines professionellen Redners. Stimmtrainer raten zum Beispiel zu Beginn einer Rede, ein- und wieder auszuatmen, dann erst mit dem Sprechen zu beginnen. Die Rede folgt dem Rhythmus Ihrer Atmung. Das bedeutet, mit dem Ausatmen sprechen Sie, die Sprechpause nutzen Sie zum Einatmen. Tun Sie dies jedoch nicht *bewusst*, überlassen Sie es dem Atemreflex. Dieser dosiert richtig und sorgt für ein rasches und vor allem lautloses Einatmen. Haben Sie *Ihren* Rhythmus gefunden, müssen Sie nicht immer wieder mühsam nach Luft ringen, und auch das Sprechen strengt Sie weniger an.

Die häufigsten Fehler

Reden, ohne Punkt und Komma. Viele Menschen meinen, sie wirken besonders kompetent, wenn Sie ohne Unterbrechung drauf los reden. Das Gegenteil ist der Fall. Der Zuhörer hat eher den Eindruck, er soll den Inhalt gar nicht richtig mitbekommen, weil er sonst sachliche Fehler bemerken könnte. Bauen Sie daher strategisch gut positionierte Pausen ein. Nur so geben Sie Ihrem Zuhörer die Chance, den Inhalt mit zu verfolgen. … Und nur so kann dieser feststellen, wie sachlich hervorragend Ihr Vortrag ist und wird Ihnen gespannt zuhören.

Reden in einer »fremden« Stimmlage. Gehören auch Sie zu den Menschen, die unangenehm berührt sind, wenn sie sich selbst auf Band hören? Die eigene Stimme wirkt mit einem Mal fremd, sie ertönt zu schrill, zu kraftlos, zu tief – wie auch immer, die Liste der möglichen Misstöne ist lang. Das verleitet viele dazu, eine Wunschstimmlage anzunehmen, eine Stimmlage also, die nicht der eigenen entspricht. Doch auf diese Weise ermüdet die Stimme schneller. Das ist fatal, gerade wenn Sie längere Zeit reden oder vortragen müssen.

Es ist nicht nur strapaziös für Sie, auch für die Zuhörer ist es ermüdend, einer angestrengten, unauthentischen Stimme zuzuhören. Ihre positive Wirkung nimmt Schaden. Möchten Sie *Ihre* Stimmlage finden und Ihre Stimme optimieren, dann greift ein professionelles Stimmtraining.

… auch am Telefon

Gerade am Telefon spielt die Wirkung Ihrer Stimme eine außerordentlich wichtige Rolle. Warum? Ihr Gesprächspartner sieht Sie nicht und lenkt folglich seine ganze Aufmerksamkeit auf Ihre Stimme. Deshalb hier die fünf wichtigsten Punkte für ein wirkungsvolles Telefonat:

- Seien Sie klar. Sprechen Sie »artikuliert«. Wenn Sie in den Hörer hinein nuscheln, haben Sie gleich zu Beginn des Telefonats verloren. Sie klingen unpräzise, Ihre Stimme hört sich »dumpf« an. Ihr Gesprächspartner denkt: »Der traut sich überhaupt nicht, zu sprechen« und empfindet Sie als unsicher und nicht kompetent.
- »Rasen« Sie nicht durch das Gespräch. Schließlich möchten Sie die ungeteilte Aufmerksamkeit des anderen gewinnen. Das gelingt nur, wenn dieser Ihren Worten folgen kann. Sprechen Sie also ruhig und akzentuiert.
- Kommunizieren Sie bewusst und nicht nur so nebenbei. Typisches Beispiel: Sie recherchieren am Computer und erledigen parallel dazu schnell noch ein Telefonat. Wahrscheinlich denken Sie, die Person am anderen Ende der Leitung merkt das gar nicht. Das Gegenteil ist der Fall, denn Sie wirken abwesend und unkonzentriert. Die Folge: Ihr Gesprächspartner fühlt sich unwichtig und nicht von Ihnen respektiert.
- Sitzen oder stehen Sie aufrecht. Denn eine schlechte Körperhaltung ist Gift für Ihre Stimme – die klingt gepresst und angestrengt. Dagegen gewinnt Ihre Stimme mit aufrechter Haltung sofort an Volumen und Klang.

- Lächeln Sie. In der Tat ist es so: Wenn Sie sich vor einem Telefonat durch Lächeln positiv motivieren, gewinnen Sie hörbar an Ausstrahlungskraft. Ihr Gesprächspartner nimmt Sie nicht nur als sympathischer, sondern auch als viel lebendiger wahr. Wenn Sie angerufen werden, halten Sie kurz inne und nehmen das Gespräch dann ganz »bewusst« an – freundlich und souverän. So vermeiden Sie, dass Sie auf Ihren Gesprächspartner mürrisch oder desinteressiert wirken.

Bestimmen Sie Ihre Gangart

Wie gehen Sie Ihre Ziele an, mit raumgreifenden, kraftvollen Schritten oder eher mit kleinen, zögerlichen? Ihre Gangart lässt Rückschlüsse auf Ihre Wesensart und Ihre Zielorientiertheit zu. Mit großen, energischen Schritten demonstrieren Sie eine entschlossene und zielorientierte Vorgehensweise. Dagegen signalisieren kleine, zaghafte Schritte, dass Sie eher introvertiert, zögerlich und risikoscheu sind. Das kann Sie allerdings im Vorwärtskommen hemmen – körperlich wie mental. Kurze, schnelle Schritte machen einen hektischen Eindruck. Ist Ihr Gang dabei trippelnd, laufen Sie Gefahr, übereifrig zu wirken. »Schleppen« Sie sich langsam dahin? Das wirkt auf Ihre Umwelt kraftlos und so, als ob Sie voller Bedenken seien.

Jeder Mensch hat seinen eigenen Gang. Daher werden Sie einen guten Bekannten, noch bevor Sie ihn sehen, bestimmt schon am Gang erkennen. Jedoch ist die Art zu gehen nicht nur typ-, sondern auch stimmungsabhängig. Bei guter Laune sind auch Ihre Schritte beschwingter als sonst. Ist dagegen Ihre Laune »gebremst«, so wird es auch Ihr Gang sein. Beim Gehen sind nicht nur die Beine involviert, der ganze Körper ist beteiligt. Was geschieht mit den Armen, bleiben sie bewegungslos oder schwingen sie mit? Oder der Kopf, hängt er, oder ist er nach vorne gereckt? Wie sieht es mit dem Oberkörper aus, neigt er sich nach hinten, oder ist er dem Ziel entgegen gerichtet? Das bedeutet, erst die Summe der Details macht die Wirkung komplett.

Doch was macht einen selbstbewussten Gang aus? Bedenken Sie, dass der Gang nichts anderes ist als Ihre statische Körperhaltung, umgesetzt in Vorwärtsbewegung. Folglich ist die Grundvoraussetzung für einen selbstsicher wirkenden Gang eine aufrechte Körperhaltung. Ihr Kopf ist erhoben, das Ziel im Visier. Der Blick ist dennoch dynamisch und flexibel, also nie starr und unbeweglich. Der Körper ist ausbalanciert, hat seine Mitte gefunden. Ihre Arme bewegen sich rhythmisch und geben Ihnen Schwung. Die Füße haben bei jedem Ihrer Schritte guten Bodenkontakt, damit setzen Sie buchstäblich auch im Gehen Standpunkte. Der Schritt ist raumgreifend, doch immer Ihrer Körpergröße angemessen, also weder übertrieben groß noch künstlich klein. Insgesamt ist der Bewegungsablauf flexibel, dynamisch und entschlossen, keineswegs jedoch übereilt oder hektisch. Hinterlassen Sie also Spuren, und seien Sie kein »Leisetreter«.

Tipp:

Beobachten Sie andere Menschen und ihren spezifischen Gang. Wie wirken sie? Befassen Sie sich auch mit Ihrem eigenen Gang. Probieren Sie unterschiedliche Möglichkeiten aus: große Schritte, kleine Schritte, schnell, langsam, mit beweglichen und mit starren Armen. Testen Sie, was immer Ihnen einfällt. Was empfinden Sie dabei? Haben Sie einen großen Standspiegel? Gehen Sie darauf zu. Wie wirkt die jeweilige Gangart optisch? Nutzen Sie die gewonnenen Erkenntnisse, und setzen Sie diese in die Praxis um.

Tipp:

Speziell für Frauen: Hohe Schuhe können toll aussehen. Manche Kundinnen berichten sogar, dass sie ihr Selbstbewusstsein enorm stärken. Doch für ein dynamisches Fortbewegen sind flachere Schuhe eindeutig von Vorteil. Denn hohe Absätze verleiten viele Frauen zu einem holprigen, übervorsichtigen Gang. Der wirkt wenig stabil, eher wie ein unsicherer Balanceakt. Wägen Sie daher immer ab, welche Absatzhöhe für Sie die richtige ist. Denken Sie daran: Flachere Schuhe bieten eine sichere »Bodenhaftung«. Ob im Stand oder bei jedem Ihrer Schritte, die Verbindung mit der Erde verleiht Kraft und Stabilität – körperlich wie mental.

Probieren Sie unterschiedliche Gangarten

Füllen Sie den Raum …

Dieses Kapitel ist nicht nur, aber insbesondere für Frauen von Bedeutung. Denn Frauen sind – mehr als Männer – dazu erzogen, sich körperlich »zusammenzunehmen«. Sie sollen zierlich, zart und fein wirken, die kleinen Füßchen immer elegant zusammenstellen und die Ellbogen schön artig am Körper halten. Alles in allem hat frau gelernt, »Platz sparend« zu sein und dementsprechend zu handeln. Männer dürfen von Hause aus »Platz einnehmen«, ohne dass es ihnen negativ ausgelegt wird – ganz im Gegenteil. Häufig sitzen oder stehen Sie breitbeinig und demonstrieren dadurch für alle sichtbar ihre Kraft. Ob das der richtige Weg ist, sei dahin gestellt. Denn sich aufzuplustern, wirkt überzogen und nicht gerade souverän.

Doch was strahlt grundsätzlich eine größere körperliche Präsenz aus, die »Platz-Spar-Version« oder das »Raum füllende Modell«? Die Antwort liegt auf der Hand. Jemand, der sich klein macht, wird auch so behandelt. Er oder sie wird gern übersehen, wenn es beispielsweise um das Verteilen guter Posten und dementsprechender Gehälter geht. Daher: Zeigen Sie körperliche Präsenz. Seien Sie Raum füllend. Stecken Sie Ihr Territorium ab und ziehen Sie klare Grenzen. Vertreten Sie dabei Ihre Interessen freundlich, aber bestimmt – das vermittelt Souveränität … und mehr Respekt zollt man Ihnen obendrein. Verstehen Sie dies allerdings nicht als Aufforderung zur Rücksichtslosigkeit. Doch gewähren Sie sich selbst die gleichen Rechte, die Sie auch Ihrer Umwelt zubilligen.

Es bringt überhaupt nichts, sich über die territorialen Übergriffe anderer zu ärgern. Besser ist, wenn Sie Ihren Raum aktiv »erobern«, statt passiv darauf zu warten, dass andere Ihnen Platz machen. Das können Sie im Stehen und Gehen sowie im Sitzen, mit Ihrer Stimme … und sogar mit Ihren Schuhen.

… im Stehen und Gehen. Winkeln Sie im Stehen die Arme locker an, sodass die Ellbogen leicht nach außen abgespreizt werden, und die Schultern möglichst breit erscheinen – breite Schultern wirken gewichtig. Aus dieser offenen Haltung heraus können Sie nun raumgreifend gestikulieren, Sie können sich frei entfalten und sind immer zu spontanem Eingreifen bereit. Die abgewinkelten Ellbogen vergrößern außerdem Ihr Territorium und können auf engem Raum auch als »Abstandhalter« dienen. Raum füllend gehen bedeutet: Drücken Sie sich nicht verschämt an der Wand entlang, sondern spielen Sie Ihre volle Präsenz aus und schreiten Sie mitten durch den Raum.

… im Sitzen. »Setzen Sie sich durch« oder »setzen Sie sich ein« – natürlich nur, wenn es sich lohnt. Nehmen Sie die volle Sitzfläche Ihres Stuhls ein und nutzen Sie auch die Rückenlehne. Denn sitzen Sie auf der Stuhlkante, erwecken Sie den Eindruck, als wollten Sie gleich aufspringen. Achten Sie auch beim Sitzen darauf, sich nicht »zusammenzunehmen«. Die Beine stehen locker nebeneinander, und Ihre Füße haben festen Bodenkontakt. Das heißt allerdings nicht, dass Sie mit bewegungslosen Füßen dasitzen müssen, doch kehren Sie immer wieder zur Bodenhaftung zurück. Ihre Arme liegen entspannt auf der Stuhllehne und sind nicht an den Körper geklemmt. An den Körper geklemmte Arme wirken ängstlich und vermitteln den Eindruck, Sie wollten sich auf diese Weise Halt geben. Rutschen Sie auch nicht nervös auf dem Stuhl hin und her. Selbstverständlich können oder sollten Sie sich sogar bewegen, aber immer mit souveräner Gelassenheit.

Tipp:

Speziell für Frauen: Testen Sie vorm Spiegel: Wie sitzen Sie, wenn Sie einen Rock tragen, und wie, wenn Sie Hosen tragen. Welche optische Wirkung ergibt sich daraus, wie fühlen *Sie* sich dabei?
Kleidung sollte Sie nie behindern, sondern Ihnen eine Stütze sein. Tragen Sie daher Sachen, in denen Sie sich gut bewegen können und die Ihnen, nachdem Sie sie angezogen haben, keine Aufmerksamkeit mehr abverlangen.

… mit Ihrer Stimme. Verschaffen Sie sich Gehör. Nutzen Sie Körper und Mund als Resonanzraum. Stellen Sie sich bei einer Rede oder einem Vortrag immer vor, dass Ihre Stimme bis *hinter* die letzte Stuhl- oder Zuschauerreihe trägt. Und wie sieht es in einer Gesprächsrunde aus? Hier ist nicht nur entscheidend, *wie* Sie sprechen, sondern auch *wann* Sie dies tun. Kennen Sie die folgende Situation? Sie sitzen in einem Meeting und haben »stundenlang« nichts gesagt. Endlich möchten Sie sich einbringen, aber Ihr Mund ist wie zugeklebt – irgendwie haben Sie den richtigen Zeitpunkt verpasst.

Bedenken Sie: Der richtige Zeitpunkt ist gleich zu Beginn. Melden Sie sich daher möglichst früh mit fester, klarer Stimme zu Wort. So haben Sie die anfängliche Hemmschwelle schnell überwunden und nehmen fortan aktiv an der Runde teil.

... mit Ihren Schuhen. Erinnern Sie sich an die Schuhmode der achtziger Jahre? Damals waren sowohl für Männer als auch für Frauen Schuhe eher Schühchen. Sehr zierlich geschnitten, hatten sie eher Ähnlichkeit mit »Tanzschuhen« als mit Modellen, die für den Straßen- oder Bürogebrauch geeignet wären. Mitunter begegnen Sie auch heute noch diesem Schuhtyp – vergessen Sie ihn! Mit solchen Schuhen sind Sie weder Raum füllend, noch verleihen Sie sich Kraft und Stabilität. Wählen Sie also keine Modelle, die zu grazil oder vorne wie abgeschnitten wirken, insbesondere, wenn Sie kleine Füße haben.

Tragen große oder kräftige Personen sehr zierliche Schuhe, hat das noch einen anderen Effekt: Sie wirken instabil. Es scheint, als fehle ihnen die nötige Standfläche und man könne sie mit einem Hauch umpusten – trotz ihrer stattlichen Statur.

Distanzverhalten

Das Distanzverhalten zwischen Menschen wird von verschiedenen Faktoren bestimmt. Sind sie einander vertraut oder Fremde? In welchem kulturellen Umfeld bewegen sie sich? Wie sind die persönlichen Präferenzen?

Beginnen wir mit der Vertrautheit. Es ist unumstritten, Vertrautheit schafft Nähe. Denn mit Familie und Freunden gehen wir wesentlich weniger distanziert um als mit Fremden – wir sind uns einfach näher. Und inwiefern ist das kulturelle Umfeld entscheidend? Nehmen wir zum Beispiel Menschen aus südlichen Regionen. Sie halten weniger Abstand als Menschen aus dem Norden. Auch Berührungen während eines Gesprächs sind nichts Besonderes, sondern selbstverständlicher Bestandteil der alltäglichen Kommunikation. Bleibt noch das individuelle Distanzbedürfnis. Auch das ist von Mensch zu Mensch sehr unterschiedlich. Während der eine sein Gegenüber schon bei der ersten Begegnung umarmt, hält ein anderer sichere Distanz.

Zwei weitere Faktoren kommen hinzu: Einerseits die Umgebung, andererseits die Einstellung bestimmten Situationen gegenüber. Die Umgebung: Sie halten im Berufsleben mit Sicherheit mehr Distanz als im privaten Bereich. Das ist auch gut, denn eine gewisse Distanz ist wichtig für Ihre Kompetenzausstrahlung. Dagegen schwächt zu viel Nähe und zu große Vertraulichkeit diese merklich ab.

Wahren Sie eine angemessene Distanz

Wie können Sie in einer Situation das Distanzverhalten eines Partners interpretieren? Verändert Ihr Gesprächspartner während einer Verhandlung die Distanz zu Ihnen, können Sie daran Folgendes ablesen: Wenn er sich Ihnen »zu-neigt«, ist er in Einklang mit Ihnen, Ihren Vorschlägen oder Ihren Aussagen. Rückt er allerdings von Ihnen ab, indem er beispielsweise seinen Oberkörper zurücklehnt, distanziert er sich nicht nur räumlich von Ihnen, sondern auch von Ihren Ansichten. Dieses Verhalten deutet auf Unstimmigkeiten oder Desinteresse hin.

Egal, ob beruflich oder privat, respektieren Sie immer das Distanzbedürfnis Ihrer Mitmenschen. Denn dringen Sie in den persönlichen Raum anderer ein, fühlen diese sich oftmals körperlich bedrängt … was Sie dann auch augenblicklich an deren Reaktionen feststellen. Entweder wird Ihr Gesprächspartner unruhig, oder er schafft Barrieren – beispielsweise durch das Verschränken der Arme. Möglicherweise schaut er Sie aber auch nur bedeutungsvoll an. Als Faustregel gilt: Näher als eine Armlänge sollten Sie nur denjenigen Menschen kommen, zu denen Sie ein vertrautes Verhältnis haben. Bei allen anderen ist eine Armlänge der Mindestabstand. Aber Vorsicht: Halten Sie zu viel Abstand, wirken Sie kühl und im wahrsten Sinne des Wortes »distanziert«.

Distanzlosigkeit

Ein dynamischer Jungmanager berichtet: »Kürzlich ist mir zu Ohren gekommen, dass einige meiner Kolleginnen mich als zu aufdringlich empfinden. Das verunsichert mich völlig, weil ich gar nicht weiß, wie sie darauf kommen.« Ich bitte ihn, dass wir das Gespräch im Stehen fortsetzen. Der junge Mann ist sehr groß und die von ihm gewählte Distanz sehr klein. Dadurch bin ich gezwungen, meinen Kopf in den Nacken zu legen – schließlich möchte ich den Blickkontakt halten. Um den Abstand für mich angenehmer zu gestalten, weiche ich nach hinten aus – er rückt nach. Ich verschränke die Arme – auch diese Geste ignoriert er und erzählt aufgeräumt weiter.

Ich unterbreche seinen Redefluss und mache ihn auf seine »Distanzlosigkeit« aufmerksam: »Bedenken Sie, dass nicht alle Personen in Ihrer Umgebung gern auf Tuchfühlung gehen. Auch wenn *Ihnen* Nähe sehr wichtig ist, können andere zu viel Nähe als unangenehm empfinden.« Meine Ausweichmanöver erläuternd, empfehle ich ihm, bei seinen Mitmenschen sehr aufmerksam auf derartige Reaktionen zu achten.

Ziemlich erstaunt erwidert er: »Ich war mir dessen überhaupt nicht bewusst. Gut, dass ich jetzt einen Anhaltspunkt dafür habe, warum die Kolleginnen so reagieren.«

Tipp:

Rückt Ihnen ein Gesprächspartner zu nah, oder haben Sie das Gefühl, er oder sie fühlt sich durch Ihre Nähe bedrängt, »öffnen Sie den Winkel«. Stehen Sie sich also nicht frontal gegenüber, sondern nehmen Sie eine seitliche und schräge Position zu Ihrem Partner ein. Dadurch lösen Sie sowohl die Konfrontation als auch das Engegefühl.

Tipp:

Gerade als Ranghöhere oder Ranghöherer zeigen Sie Ihre Wertschätzung den Mitarbeitern gegenüber, wenn Sie das Eindringen in deren persönliche Distanzzone nicht als Zeichen Ihrer Dominanz und Macht ausspielen.

Abschließend

Sie haben in diesem Buch eine Menge erfahren über die Wirkung, die von der äußeren Erscheinung eines Menschen ausgeht und über viele Dinge, die damit zusammenhängen, meistens in Verbindung mit bestimmten Regeln. Um allerdings keine Missverständnisse aufkommen zu lassen, möchten wir Folgendes anmerken: Uns geht es keinesfalls um Gleichmacherei. Als Modedesigner wissen wir: Nur eine bunte Vielfalt der unterschiedlichsten Typen schafft eine »reiche« Welt. Und doch sollten wir uns vor gewissen Regeln nicht verschließen – gerade im Berufsleben. Regeln, die nicht um ihrer selbst willen aufgestellt wurden, sondern daher rühren, wie wir als Menschen denken und handeln. Verstehen Sie diese Regeln nicht als zwanghafte Einengung, sondern als nützliche Orientierungshilfe. Denn dadurch wissen Sie, wonach Sie sich richten können ... und das erleichtert Ihnen das Leben ungemein.

Letztendlich zählt das Ergebnis, also die Summe der Details. Ob es sich um Ihr Aussehen, die Kleidung, Ihre Körpersprache oder den Ausdruck Ihrer Persönlichkeit handelt – alles zusammen prägt Ihr Image. Dazu haben wir die unterschiedlichsten Aspekte betrachtet. Möglicherweise kam Ihnen das eine oder andere sogar widersprüchlich vor. Doch bedenken Sie, was in der einen Situation goldrichtig ist, erweist sich schon in der nächsten als falsch. Und nicht selten wird es zum Drahtseilakt, hierbei das richtige Maß zu finden ... aber genau darin liegt die Kunst.

Nehmen Sie diese Herausforderung an: Seien Sie neugierig, nehmen Sie wahr, erkennen Sie, was zu tun ist, und entwickeln Sie vor allem das nötige Feingefühl beim Umsetzen.

Wir wünschen Ihnen viel Erfolg dabei.

Über die Autoren

Anke Schmidt-Hildebrand und Dietrich Hildebrand sind Modedesigner und Imageberater. Sie waren lange Jahre als Chef-Designer in renommierten Firmen tätig. Heute sind sie Inhaber von »SCHMIDT**HILDEBRAND** Imageconsulting« in Frankfurt am Main. In Seminaren und Einzelcoachings beraten sie deutschlandweit Unternehmen und Einzelpersonen, die durch Kleidungsstil und Ausdruckskraft ihren professionellen Auftritt verbessern möchten.

Mehr zu Autoren und Thema unter www.schmidt-hildebrand.de

Literatur

Amon, Ingrid: *Die Macht der Stimme*. Heidelberg 2007

Asserate, Asfa-Wossen: *Manieren*. München 2005

Aucoin, Kevyn: *All about Make-up*. München 2005

Förster, Jens: *Kleine Einführung in das Schubladendenken*. München 2007

Heller, Eva: *Wie Farben wirken*. Reinbek bei Hamburg 2004

Knaths, Marion: *Spiele mit der Macht*. Hamburg 2007

MacDonell, Nancy: *Basics*. Frankfurt am Main 2006

Molcho, Samy: *Alles über Körpersprache*. München 2002

Münchhausen, Marco von: *Wo die Seele auftankt*. Frankfurt am Main 2004

Oppel, Kai: *Business Knigge international*. München 2006

Rebel, Günther: *Mehr Ausstrahlung durch Körpersprache*. München 2000

Renz, Ulrich: *Schönheit. Eine Wissenschaft für sich*. Berlin 2006

Seeling, Charlotte: *Mode. Das Jahrhundert der Designer. 1900 – 1999*. Köln 1999

Vass, László; Molnár, Magda: *Herrenschuhe handgearbeitet*. Königswinter 2006/2007